BIBLIOTHECA
SCRIPTORVM GRAECORVM ET ROMANORVM
TEVBNERIANA

CLAVDII AELIANI

EPISTVLAE ET FRAGMENTA

EDIDIT

DOUGLAS DOMINGO-FORASTÉ

STVTGARDIAE ET LIPSIAE

IN AEDIBVS B.G. TEVBNERI MCMXCIV

Gedruckt mit Unterstützung der Förderungs-
und Beihilfefonds Wissenschaft der VG WORT GmbH,
Goethestraße 49, 80336 München

Die Deutsche Bibliothek — CIP-Einheitsaufnahme

Aelianus, Claudius:
[Epistulae et fragmenta]
Claudii Aeliani Epistulae et fragmenta /
ed. Douglas Domingo-Forasté. —
Stutgardiae ; Lipsiae : Teubner, 1994
(Bibliotheca scriptorum Graecorum et Romanorum Teubneriana)
ISBN 3-8154-1005-3
NE: Domingo-Forasté, Douglas [Hrsg.]; Aelianus, Claudius: [Sammlung]

Printed in Germany
Satz und Druck: INTERDRUCK Leipzig GmbH
Buchbinderei: Druckhaus „Thomas Müntzer“ GmbH, Bad Langensalza

PRAEFATIO

Haec editio Claudii Aeliani epistularum et fragmentorum illam R. Hercheri anno MDCCCLXVI editam et propter complures causas exoletam destinata est. quibus vitiis ille liber laboret paucis exponam. in primo, Herchero, qui in epistulis recognoscendis solo codice Matritensi est usus, codex Ambrosianus anno MCMI a De Stefani primum editus omnino ignotus erat, cuius codicis collatione a P. Leone facta nititur haec editio. deinde, editio *Suda* a A. Adler, viro doctissimo, accuratius confecta certiora praebet fundamenta quibus fragmenta Claudii nostri restituere possimus. adde quod nonnulla fragmenta apud scriptores priscos latentia omisit Hercher, quae quidem in lucem facilius educta sunt ope Thesauri Linguae Graecae in Universitate Californiae Irvinensi. praeter haec vir doctus H. De Boor investigatione diligentius facta [ByzZt. 23 (1914–1919) 1–127] quomodo apud Suda auctores sint prolati reiicienda demonstravit aliquot fragmenta quae prius Hercher Aeliano assignaverit. adde quod nova typographica forma impressus de prelis Bibliothecae Teubnerianae hic liber in manus lectoris iam veniat.

Codices qui omnes epistulas continent hi duo sunt:

cod. Ambrosianus gr. 81 (B 4 Sup.), membr., saec. X, ff. 121r–128v. **M**

cod. Matritensis gr. 4693 (63 Iriarte), chart., scr. 1460–1465 a Constantino Lascaris, ff. 131r–135v. **S**

Editio Aldina anno MCDXCIX prolata a M. Musuro codice nunc ignoto usa est, qui de eadem origine ac codex Matritensis deducitur. codex Vallicellianus gr. 182 (XCII All.) qui partes trium epistularum continet nullum adiumentum in textu Aeliani recensendo affert nec non tres codices saeculo duodevicesimo scriptos pro nihilo habui. ad ipsa fragmentorum verba constituenda ad optimas scriptorum editiones adii acceptaque refero.

Gratiam reddere debeo cum editoribus Bibliothecae Teubnerianae, tum amicis qui me consilio opitulati sunt, praesertim Apostolo Athanassakis, J. P. Sullivan, Theodoro Brunner, Sharon Ralston et in primis Carolo Squitier. maximas denique ago gratias uxori Dianae et Chrysiae et Cynthiae, filiis carissimis, quibus omnibus pro earum patientia et summa benevolentia hunc librum dedicatum velim.

Long Beach mense Maio MCMLXXXXI D. D-F.

CONSPECTVS CODICVM

cod. Ambrosianus gr. 81 (B 4 Sup.), membr., saec. X, ff. 121r–128v. = M

cod. Matritensis gr. 4693 (63 Iriarte), chart., scr. 1460–1465 = a

Constantino Lascaris, ff. 131r–135v. = S

cod. Vallicellianus gr. 182 (XCII All.) = V

CONSPECTVS LIBRORVM

Editiones

Marcus Musurus, *Ἐπιστολαὶ διαφόρων φιλοσόφων, ῥητόρων, σοφιστῶν ἓξ πρὸς τοῖς εἴκοσι.* Epistolae diversorum philosophorum, oratorum, rhetorum sex et viginti, Venetiis, apud Aldum, 1499 (editio princeps).

Gesner, C., Claudii Aeliani ... Opera, quae extant omnia, Turici, 1556

Epistolae Graecanicae mutuae antiquorum rhetorum oratorum philosophorum, Aureliae Allobrogorum (sumptibus Caldorianae Societatis) 1606

Patusa, J., *Ἐγκυκλοπαιδεία φιλολογική,* Venetiis, 1710, 299 sqq. secundus S. F. W. Hoffmann Bibliographisches Lexicon editio alter, I (1838) 15

Hercher, R., Aeliani De natura animalium, Varia Historia Epistolae et Fragmenta, Parisiis, Didot, 1858

Hercher, R., Claudii Aeliani Varia Historia Epistolae, Lipsiae, Teubner, 1866

Hercher, R., Epistolographi Graeci, Pariis, Didot, 1873

Benner, A. R. et F. H. Fobes, The Letters of Alciphron, Aelian and Philostratus, editio alter, Cambridge, Mass., Harvard, 1962.

Leone, P. A. M., Claudii Aeliani Epistulae Rusticae, Mediolani, Istituto Editoriale Cisalpino–La Goliardica, 1974, cum bibl.

Cetera

Benavente, M., "Similia II", Estudios Clásicos 9 (1965) n. 45 235–239

De Stefani, E. L., "Ramenta", Studi Italiani di Filologia Classica 8 (1900) 489–492

De Stefani, E. L., "Per il testo delle Epistole di Eliano", Studi Italiani di Filologia Classica 9 (1901) 479–488

Hercher, R., "Zu griechischen Prosaikern", Hermes 11 (1876) 223

Leone, P. A. M., "Sulle Epistulae rusticae di Claudio Eliano", Annali della Facoltà di Lettere e Filosofia della Università di Macerata 8 (1975) 43–64

Massa Positano, L., "Frustula", Giornale Italiano di Filologia 5 (1952) 207–209

Thyresson, I. L., "Quatre Lettres de Claude Élien inspirées par le Dyscolos de Ménandre", Eranos 62 (1964) 7–35

CONSPECTVS SIGLORVM

M	cod. Ambrosianus gr. 81 (B 4 Sup.), s. X
S	cod. Matritensis gr. 4693 (63 Iriarte), s. XV
V	cod. Vallicellianus gr. 182, s. XVI
A	editio Aldina a. 1499
x	SA

add.	addidit
adn.	adnotatio(nes)
alt.	alterum
cod., codd.	codex, codices
coni.	coniecit
corr.	correctione(m)
om.	omisit
pr.	prius
rell.	reliqui
secl.	seclusit
transp.	transposuit

Nomina virorum doctorum quibus in apparatu utor:

Basil	ed. Suda a. 1543 (fort. Gelenius)
Bekk	Bekker
Bern	Bernhardy
Blay	Blaydes
Caz	Cazzaniga
Chalc	Chalcondyles ed. Suda a. 1499
D'Orv	D'Orville
De Stef1	De Stefani, "Ramenta"
De Stef2	De Stefani, "Testo"
Fob	Fobes
Gais	Gaisford ed. Suda a. 1834

Gesn	Gesner
He	Hercher
He1	Hercher, Didot
He2	Hercher, Teubner
He3	Hercher, Epist. Gr.
He4	Hercher “Prosaikern”
Hemst	Hemsterhuys
Kaib	Kaibel
Kock	Kock
Kust	Kusterus ed. Suda a. 1700
Le	Leone
Lob	Lobeck
Mas	Massa Positano
Mein	Meineke
Nab	Naber
Nauck	Nauck
Pierson	Pierson
Po	Post
Port	Portus ed. Suda a. 1630
Pors	Porson
Rasm	Rasmus
Schaeffer	Schaeffer
Schweig	Schweighaeuser
Thyr	Thyresson
Toup	Toup
Tsir	Tsirimbas
Valck	Valckenaer
Wassius	Wassius
West	Westermann
Wil	Wilamowitz-Moellendorff

COMPARATIO FRAGMENTORVM

Domingo-Forasté	Hercher
1–24	1–24
25	–
26	–
27	–
28–199	25–196
–	197
200	198
201	199
202	200
–	201
203–221	202–220
–	221
222–225	222–225
–	226
226–242	227–243
–	244
243–286	245–288
–	289
287–321	290–324
322	–
323–329	325–331
–	332
330–344	333–347
–	348
345–351	349–355

EPISTVLAE

I

Εὐθυκομίδης Βλεπαίῳ

Διαψύχοντί μοι πρὸς τὴν εἵλην τοὺς βότρυς ἡ Μανία προσελθοῦσα ἐθρύπτετο καὶ ὡραϊζομένη πολλοῖς ἔβαλλε τοῖς σκώμμασιν. ἐγὼ δὲ παλαιὸν δή τι ἐπιτεθυμμένος αὐ-
5 *τῆς διενόουν τι δρᾶσαι θερμόν. ὡς οὖν ἄσμενος ἐλαβόμην πλησιασάσ⟨ης⟩, τὰς μὲν ῥᾶγας εἴασα, ἐφερπύσας δὲ καὶ μάλα ἀσμένως τῆς ὥρας ἐτρύγησα. ταῦτά σοι πρὸς τοῦ Πανὸς μυστήρια τὰ μεγάλα ἔστω.*

1 3 *ἐθρύπτετο καὶ ὡραϊζομένη* cf. Eupol. fr. 358 Kock **4** *ἐπιτεθυμμένος αὐτῆς* cf. Ar. Lys. 221 sqq. **4** sqq. cf. Ar. Ach. 271 sqq. **6** *ἐφερπύσας* cf. Petron. Sat. 87.3; AP 9.231.1

M cod Ambrosianus, S cod Matritensis, V cod Vallicellianus, A Edition Aldina, x SA

1 1 *εὐθυκονίδης* S **4** *ἐπιτεθυμημένος* x **5** *διενοούμην* He *ἄσμενος* ⟨*ἀσμένης*⟩ Mein Fob *ἀσμένης* He3 *ἔλαβόν μοι* De Stef 1 **5–6** *ἐλαβόμην πλησιάσας* corrupta iudicavit He1 in annot. **6** *πλησιασάσ⟨ης⟩* Le *πλησίαν οὖσαν* vel *πλησιάζουσαν* De Stef 1 *πλησίας* De Stef 2 *καὶ πλησιάσας μάλα* Mein **7** *ἀσμένος* A

II

Κωμαρχίδης Δρωπίδῃ

*Ἡμέρων ὁ μαλακὸς φελλεῖ διέκοψε τὸ σκέλος πάνυ χρη-
στῶς, καὶ θέρμη ἐπέλαβεν αὐτόν, καὶ βουβὼν ἐπήρθη.
βουλοίμην δ' ἂν αὐτὸν ἀναρρωσθῆναι ἤ μοι μεδίμνους
ἰσχάδων ὑπάρξαι τέτταρας. τὴν ὄϊν τὴν τὰ μαλακὰ ἔρια,* 5
*ἣν ἐπαινῶ πρὸς σέ, παρ' ἐμοῦ πρόσειπε, καὶ τὼ βοϊδίω
καὶ τὴν κύνα καὶ τὴν Μανίαν καὶ αὐτὴν χαίρειν κέλευε.*

III

Εὐπειθίδης Τιμωνίδῃ

*Ἀδικεῖ με ἡ παρὰ σοῦ σηκύλη παραιρουμένη τῶν δραγ-
μάτων καὶ παρακλέπτουσα. ἐὰν μὲν οὖν παύσηται, καλά
σοι καὶ μενοῦμεν φίλω· ἐὰν δὲ ἔχηται ἔργου, δικάσομαί
σοι βλάβης. καὶ γὰρ ἂν εἰκότως μοι στενάξαι τὰ τῶν* 5
προγόνων ἠρία, εἰ Εὐπειθίδης ὁ Κορυδαλλεὺς ἐμαυτὸν πε-

2 2 sqq. Men. Georg. 48,51,52 Sand. **4** sqq. Ar. Plut. 1103–1106, Alciphr. II.15.1 B.–F. **6** *τὼ βοϊδίω* cf. Ar. Ach. 1022–1036 **3 2** sqq. fort. cf. Is. fr. 43 Thalheim (= Harp. s.v. *οὐσίας δίκη*) **6–7** *ἐμαυτὸν περιόψομαι προσελούμενον* cf. Aesch. Pr. 438

2 1 *δρωπαίῳ* A *δροπαίῳ* S **2** *ὁμέρων* S *φελλεῖ* He *φελλέα* M *φελλέα* A *φυλλέα* S *φελλάτα* Mein *διέκοψε* M *ἐπέκοψε* x **3** *θέρμη* S *αὐτὸν* M *αὐτοῦ* x **5** *ὄϊν* codd. *οἶν* edd. praeter Le *ἔρια*] *φοροῦσαν* add. D'Orv *ἔχουσαν* add. He3 in annot. **3 2** *ἀδικῆ* M *Σηκύλη* D'Orv He1–2 **3** *παραβλέπουσα* S **4** *φίλοι* x **5** *σε* x *στενάξειε* He

ριόψομαι προσελούμενον, καὶ ταῦτα ὑπ' ἀνδραπόδου ἴσως δυεῖν μναῖν ἀξίου.

IV

Ἀνθεμίων Δράκητι

Τί σοι καλὸν εἴργασται καὶ τί σοι πεπόνηται χρηστόν; ἐγὼ γὰρ ἀμπελίδος ὄρχον ἐλάσας, εἶτα μοσχίδια συκιδίων παραφυτεύσας ἀπαλά, καὶ ἐν κύκλῳ περὶ τὸ αὔλιον κατέ-
5 *πηξα ἐλαίας. εἶτα μοι δεῖπνον ἦν πίσινον ἔτνος, καὶ τρεῖς ἁδρὰς ἐξεκάναξα κύλικας καὶ ἀσμένως κατέδαρθον.*

V

Βαίτων Ἀνθεμίωνι

Τὰ σμήνη μοι τῶν μελιττῶν κενά, καὶ ἀπεφοίτησαν τῆς ἑστίας οὐκ οὖσαι τέως δραπέτιδες, ἀλλὰ γὰρ καὶ πισταὶ διέμενον καὶ ᾤκουν ὡς οἴκους {εἰς} τοὺς αὐτῶν σίμβλους,
5 *καὶ εἶχον λειμῶνα εὔδροσον καὶ δὴ καὶ ἀνθῶν εὔφορον,*

4 2 sqq. cf. Ar. Ach. 995–998 et scholia 5 *πίσινον ἔτνος* cf. Ar. Eq. 1171, Antiph. fr. 183.7 Kock 6 *ἁδρὰς ... κύλικας* cf. Diphil. fr. 5, Eupol. fr. 272 Kock; Alciphr. II.34.3 B.–F. **5** 5 *λειμῶνα εὔδροσον* cf. Ar. Av. 245–246

7 *προσελούμενον*] Lob *προσυλοῦμενον* M (accentum corr. Mas) *προσηλούμενον* x *δυοῖν* He ⟨*οὐ*⟩ Mein **4** 1 *ἀνθεμίω* M *ἀντμίων* S 3 *ὀρχὸν* M *συκιδιῶν* M *συκίδων* He 4 *ἁπαλὰς* Mein *καὶ* del. Mein, He *καὶ* ⟨*ἡμερίδος ὄρχον*⟩ Blay *αὔλιον* M *αὐλίον* x 5 *ελεας* M *ἐλᾶδας* Mein He *ἦν*] M *καὶ* x 6 *ἄσμενος* He 2 (in annot. He 3) **5** 4 *ὡσεὶ οἴκους* Mein *εἰς* del. He *αὐτῶν*] A *αὑτῶν* MS

καὶ εἱστιῶμεν αὐτὰς πανδαισίᾳ· αἳ δὲ ὑπὸ τῆς φιλεργίας τῆς ἄγαν ἀνθειστίων ἡμᾶς πολλῷ καὶ καλῷ τῷ μέλιτι, κοὐδέποτε τῆσδε τῆς ὠδῖνος τῆς γλυκείας ἦσαν ἄγονοι. νῦν δὲ ᾤχοντο ἀπιοῦσαι, λυπηθεῖσαι πρὸς ἡμῶν οὐδέν, οὐ μὰ τὸν Ἀρισταῖον καὶ τὸν Ἀπόλλω αὐτόν. καὶ αἱ μέν εἰσι φυγάδες, 10 *ὁ δὲ οἶκος αὐτῶν χῆρός ἐστι, καὶ τὰ ἄνθη τὰ ἐν τῷ λειμῶνι περίλυτα γηρᾷ. ἐγὼ δὲ αὐτῶν ὅταν ὑπονησθῶ τῆς πτήσεως καὶ τῆς εὐχαρίστου χορείας, οὐδὲν ἄλλο ἢ νομίζω θυγατέρας ἀφῃρῆσθαι. ὀργίζομαι μὲν οὖν αὐταῖς· τί γὰρ ἀπέλιπον τροφέα αὐτῶν καὶ ἀτεχνῶς πατέρα καὶ φρουρὸν* 15 *καὶ μελεδωνὸν οὐκ ἀχάριστον; δεῖ δέ με ἀνιχνεῦσαι τὴν πλάνην αὐτῶν καὶ ὅποι ποτὲ ἀποδρᾶσαι κάθηνται, καὶ τίς αὐτὰς ὑπεδέξατο καὶ τοῦτο· ἔχει γάρ τοι τὰς μηδὲν προσηκούσας. εἶτα εὑρὼν ὀνειδιῶ πολλὰ τὰς ἀγνώμονας καὶ ἀπίστους.* 20

VI

Κάλλαρος Καλλικλεῖ

Καὶ ποῖ τις ἀποτρέψει τὸ ῥεῦμα; εἰ γὰρ μήτε εἰς τὴν ὁδὸν ἐμβαλεῖ μήτε εἰς τὴν τῶν γειτόνων διαβήσεται, οὐ

7 *ἀνθειστίων* cf. Philostr. Ep. 71 B.–F. **11–12** *τὰ ἄνθη τὰ ἐν τῷ λειμῶνι ... γηρᾷ* cf. Aristaen. II.1.48 Mazal **15–16** *ἀπέλιπον ... μελεδωνὸν* cf. Ael. VH 2.14.9–10 **6** **2–4** cf. Demosth. 55.18

6 *ἀπὸ* Mein **7** *ἀνθεστίων* x **9** *οὐδὲ ἓν* He **12** *περίλυτα*] Po *περὶ αὐτὰ* mss. om. He3 in annot. *περιττὰ* Nab *περίλυπα* Mein **13** *εὐχαρίτου* He **16** *δεῖ δέ*] *δεῖ, δεῖ* Caz **16–17** *τὴν πλάνην αὐτῶν*] S supra lineam correcta *αὐτὰς* S **18** *καὶ τοῦτο*] *κλέπτης* Po *τοι*] *τις* Caz **6** **2** *γὰρ*] del. He **3** ⟨*ποι*⟩ *διαβήσεται* Mein **3–4** *οὐ δήπου*] *γὰρ* ins. He

δήπου κελεύσεις ἡμᾶς ἐκπιεῖν αὐτό. πάλαι μὲν οὖν λέλε-
5 *κται κακὸν εἶναι γείτων κακός, πεπίστευται δὲ νῦν οὐχ*
ἥκιστα ἐπὶ σοῦ. ἀλλ' οὐδέν σοι πλέον τῆς βίας· οὐ γὰρ
ἀποδωσόμεθά σοι τὸ χωρίον, δικάσεται δὲ πρότερον ὑπὲρ
τούτων πρός σε ὁ δεσπότης, ἐάνπερ τὴν διάνοιαν ὑγιαίνῃ.

VII

Δερκύλλος Ὀπώρᾳ

Οὐχ ὅτι καλὴ λέγεις εἶναι οὐδ' ὅτι πολλοὺς ἐραστὰς λέ-
γεις ἔχειν, διὰ τοῦτο ἐπαινῶ σε· ἴσως μὲν γὰρ ἐκεῖνοι διὰ
τὸ εἶδος θαυμάζουσιν, ἐμὲ δὲ ἀρέσκεις διὰ τὸ ὄνομα, καί
5 *σε οὕτως ὡς καὶ τὴν γῆν τὴν πατρῴαν ἐπαινῶ, καὶ τεθαύ-*
μακα τὸν τοῦτό σε καλέσαντα τῆς ἐπινοίας, ἵνα μὴ μόνοι
σε περιμαίνωνται δηλονότι οἱ ἐν τῇ πόλει, ἀλλὰ γὰρ καὶ
ἀγροῖκος λεώς. τῆς Ὀπώρας οὖν κατ{αγ}ελάσας τί ἀδικῶ;
ἐπεὶ τά γε ἄλλα καὶ ἐφολκὸν εἰς ἔρωτα τὸ ὄνομα, καὶ
10 *ταῦτα ἀνδρὶ γεωργίᾳ ζῶντι; ἀπέστειλα οὖν σοι τῆς ὁμω-*
νύμου τῆς ἐν ἀγρῷ σῦκα καὶ βότρυς καὶ τρύγα ἀπὸ λη-
νῶν, ἦρος δὲ ἀποπέμψω καὶ ῥόδα, τὴν ἐκ τῶν λειμώνων
ὀπώραν.

5 *κακὸν … κακός* cf. Demosth. 55.1, Hes. OD 346, Men. fr. 553.1–2 Kock 5 sqq. cf. Demosth. 55.6,31,32 **7** **8** *Ὀπώρας … κατ{αγ}ελάσας* cf. Ar. Pac. 711 **12–13** *λειμώνων ὀπώραν* cf. Philostr. Ep. 26 B.–F.

5 *κακὸν*] *κακῶν* add. Mein *πεπίστωται* Mein **6** *σοῦ*] *σοι* x **7** **1** *Δερκύλος* He3 *ἀπώρᾳ* S **2–3** *λέγεις ἔχειν*] *ἔχεις* M **3** *γὰρ*] *σε* add. He2–3 Fob Le **6** *τοῦτό*] *οὕτω* x *κελεύσαντα* S **7** *σε περιμαίνονται* MS *σοι ἐπιμαίνωνται* De Stef 1 **8** *κατ{αγ}ελάσας*] Berg *καταπειράσας* He 2–3 *κατα-πελάσας* vel *καταπλησιάσας* Caz **9** *γε*] *τε* He **10** *γεωρ-γεῖν* M *συζῶντι* Mein

VIII

Ὀπώρα Δερκύλλῳ

Σὺ μὲν εἴτε σπουδάζεις εἰς τὸ ὄνομα τὸ ἐμὸν εἴτε παίζεις οἶσθα δήπου αὐτός, ἐγὼ δὲ οἷς πέμπεις οὐκ ἀξιῶ πρός με ὡραΐζεσθαι. καλὰ γάρ σου τὰ δῶρα, καλὰ ἀκρόδρυα δυοῖν ὀβολοῖν καὶ ὑβριστὴς οἶνος διὰ νεότητα· πίοι δ' ἂν 5 *ἡ Φρυγία αὐτόν· ἐγὼ δὲ Λέσβιον πίνω καὶ Θάσιον καὶ ἀργυρίου δέομαι· Ὀπώρᾳ δὲ ὀπώραν ἀποστέλλειν αὐτόχρημα πῦρ ἐπὶ πῦρ φέρειν ἐστίν. κἀκεῖνο δέ σε οὐ χεῖρον εἰδέναι ταύτῃ ᾗπερ οὖν καὶ αὐτὴ νοῶ. τοῦ γὰρ χρηματίζεσθαι παρὰ τῶν βουλομένων μοι προσιέναι καὶ τὸ ὄνομα αἴτιον·* 10 *παιδεύει γάρ με ὅτι καὶ τὸ κάλλος τῶν σωμάτων ὀπώρᾳ ἔοικεν. ἕως οὖν ἀκμάζει, καὶ τὴν ὑπὲρ αὐτοῦ χάριν προσῆκόν ἐστιν ἀνταπολαμβάνειν· ἐὰν δὲ ἀπορρεύσῃ, τί ἂν ἄλλο εἴη τὸ ἡμέτερον ἢ δένδρον καρπῶν ἅμα καὶ φύλλων γυμνόν; καίτοι γε ἐκείνοις μὲν ἡ φύσις δίδωσιν ἀναθῆλαι,* 15 *ἑταίρας δὲ ὀπώρα μία. δεῖ τοίνυν ἐντεῦθεν ταμιεύεσθαι πρὸς τὸ γῆρας.*

8 4 *καλὰ ἀκρόδρυα* cf. Thphr. CP 3.6.7 **11** sqq. cf. Aristaen. II.1.37–40 Mazal, Philostr. Ep. 17 B.–F. **14** *τὸ ἡμέτερον* cf. Aristaen. I.14.25 Mazal

8 1 *ἀπώρα* S *Δερκύλῳ* He 3 **4** *καλὰ τὰ δῶρα* M **7** *ὀπώραν δὲ ὀπώρᾳ* x **8** *ἐστί* x **9** *ταύτηπερ* x *ἥπερουῦν* A **12** *ὑπὲρ*] *παρ'* Mein **13** *ἀπορεύσῃ* M supra lineam correcta *ἀπορεύσει* V **14** *δένδρον ἢ* Mein *σῶμα ἢ δένδρον* He 3 **15** *γε*] *καὶ* M *μὲν* om. M **16** *ἑταίραις* Cast

IX

Χρέμης Παρμένοντι

Ὀψὲ ἔμαθον ὅτι μοι συνεβούλευες καλῶς παιδεύων με ἀποδιδράσκειν τὰς ἑταίρας· λαβεῖν γὰρ κεχήνασι καὶ προσποιοῦνται φιλεῖν καὶ ἀποκλείουσι συνεχῶς καί, τὸ
5 *πάντων μοι βαρύτερον, πρὶν ὑπερπλησθῆναι καὶ γενέσθαι διακορεῖς οὐ βούλονται συγκαθεύδειν, ἀλλὰ ἀκκίζονται καὶ θρύπτουσιν ἑαυτάς, εἶτα μυστιλῶνται πάλιν, καὶ λάθρα μὲν ⟨ἀν⟩αλοῦσι πάντα καὶ καταπίνουσιν ὑπὲρ τοὺς ἐργαστῆρας τοὺς ἐν ἀγρῷ, παρόντων δὲ ἡμῶν ὡραΐζονται. ἐγὼ*
10 *δὲ κατὰ χειρὸς ποιῶ πάντα καὶ σπεύδω καταλαβεῖν ἓν δύο τὰ σκέλη ἄρας καὶ ὑποστρέφειν ἐπὶ τὰς αἶγας πάλιν. ἐμέλλησα δὲ τὴν κάκιστα ἀπολουμένην Θηβαΐδα σαυλουμένην πρός με ἀράμενος μέσην εἶτα ῥίψας εἰς τὸ κλινίδιον ἔχεσθαι τῆς σπουδῆς. ἀπόλοιτο δὲ ὁ στρατιώτης ὁ διακωλύ-*
15 *σας με· Θρασυλέων, οἶμαι, ἦν ὄνομα αὐτῷ ἢ ἄλλο τι τοιοῦτο συμπεπλεγμένον θηρίῳ.*

9 3 sqq. cf. Ter. Eun. 929–40 **7** *μυστιλῶνται* cf. Luc. Lex. 5 **10** *ἓν δύο* cf. Men. fr. 174 Koerte

9 1 *παρμένωνι* A *παρμενίωνι* SV **5** *βαρύτατον* He **6** *ἀλλὰ ἀκκίζονται καὶ*] del. Mein *ἀκκίζουσι* xV **7** *θρύπτουσιν ἑαυτὰς*] *θρύπτονται* Mein He *μιστυλῶνται* V (ut coni. He2) **8** *ἀναλοῦσι*] He 2–3 *ἀλοῶσι* MAV *ἀλοῦσι* S *φλῶσι* Mein **10** *ἓν*] De Stef 2 *ἐν* M *ἐς* A *εἰς* SV **12** *δὲ*] He 2 *δ' ἂν* mss. *δ' ἄρα* Mein *σαυλομένην*] Mein *αὐλουμένην* mss. *αἰδουμένην* De Stef 2 **14** *ἀπώλοιτο δ' ὁ* V **15** *οἶμαι, ἦν*] *ἐστίν, οἶμαι* M **15–16** *τοιοῦτον* xV

X

Φιλέριφος Σιμύλῳ

Πέπυσμαί σοι τὸν υἱὸν εἶναι λάγνην. τί οὖν αὐτὸν οὐ βίᾳ συλλαβὼν τομίαν εἰργάσω, ὥσπερ εἰώθαμεν τοὺς τράγους ἡμεῖς; τοῦτο γάρ τοι καὶ τὰ ζῷα ἀναπείθει ἡσυχίαν τε ἔχειν καὶ σωφρονεῖν εὖ μάλα. εἰμὶ δὲ ἐγὼ περὶ ταῦτα 5 *δήπου δεινός· ἀποφαίνω γὰρ παραχρῆμα ὁλοκλήρους, σάξας ἁλῶν καὶ ἐπαλείψας πίτταν· εἶτα ὑγιεινότερος ἔσται κρότωνος δήπου καὶ κολοκύντης, καὶ ἐρῶν παύσεται καὶ ἐπιτρίβων σοι τὴν οὐσίαν. ἐνόρχην δὲ ἀκόλαστον ὑγιαίνων τρέφοι τίς ἄν;* 10

XI

Λαμπρίας Τρύφῃ

Ἀγαθὰς διώκειν οἱ νεανίσκοι τρέφουσι κύνας, δρομικώτερον δὲ λαγὼν οὐδὲ ἀσαρκότερον οὐδεπώποτε ἐθεασάμην·

10 **7–8** *ὑγιεινότερος ... κρότωνος* Men. fr. 263 Koerte, Zenob. VI.27, Macar. V.33 *ὑγιεινότερος ... κολοκύντης* Diphil. fr. 98 Kock, Epich. fr. 154 Kaib., Sophr. fr. 34 Kaib., Arsen. XVII.48c, Zenob. IV.18 **9** *ἐνόρχην* cf. Hdt. 6.32, Ar. Eq. 1385, Plat. Com. fr. 174 Kock **11** **2** sqq. fort. cf. Alciphr. II.1 B.-F.

10 **2** *σου* He *υἱὸν*] M *ὑν* A *ὗν* S **3** *ὥσπερ*] *οὖν* add. Mein **5** *ἔχειν*] *ἄγειν* Mein *δεγὼ* M **6** *ἀποφανῶ* He 2–3 *ὁλόκληρον* He 2–3 **6–7** *σώξας* S **7** *ἀπαλείψας πίττα* S **8** *κροτῶνος* Fob *Κρότωνος* He 1–2 Tsir **9** *ἐνόρχου δὲ ἀκόλαστος* S **11** **1** *τρυφῆ* M *τρυφῇ* A **2** *Ἀγαθὰς διώκειν*] *δὴ* ins. Caz **3** *λαγὼ* Gesn *ἀσαρκώτερον* S

θαῦμα γὰρ ὅπως καὶ κατέλαβον αὐτόν. ἐπεὶ γὰρ ἐδάρη
5 *καὶ τὸ δέρμα ἀπεδύσατο, φανερὸς τηνικαῦτα ἐγένετο,*
μᾶλλον δὲ (οὐ γὰρ ὀρθῶς λέγω) ἀφανής ἐστι νῦν ἔτι
πλέον. σὺ δέ, ὦ Τρύφη, κιχλίζουσα παῦσαι πρός με· ἐὰν
γάρ σε, ὦ κακόδαιμον, ὁ πατὴρ ἴδῃ, λήψῃ τι πάντως
κακόν. ἐγὼ δὲ αὐτὸν ὑποδέδοικα καίτοι πατέρα ὄντα· σὺ
10 *δὲ οὐκ οἶδα ὅπως διατέθρυψαι καὶ καταφρονεῖς αὐτοῦ.*

XII

Τρύφη Λαμπρίᾳ

Προσπατταλεύσω νὴ Δί', ὦ Λαμπρία, τοῦ λαγὼ τὴν
δοράν, ἵνα σοι τῶν κυνηγεσίων ἄγαλμα ᾖ τοῦτο κατὰ τοὺς
μεγάλους ἐκείνους δήπου θηρατάς· ἔσται δὴ καὶ τὸ σὸν
5 *εὔθηρον ἀνάγραπτον. πότερον δὲ αὐτὸς ᾕρηκας ἢ δῶρον*
ἔλαβες; πῶς δὲ καὶ ὤφθη τὴν ἀρχὴν διὰ σμικρότητα; εὔ-
ρινοι ἄρα ὄντως ἦσαν αἱ κύνες· οὐ γὰρ ἦν αὐτὸν ἰδεῖν,
ἀλλ' ᾔσθοντο αὐτοῦ. σὺ δὲ ἐξ οὗ θηρᾶν ἤρξω γέγονας
ἡμῖν αὐτόχρημα Ἱππόλυτος. ὅρα δὴ τὴν Ἀφροδίτην μὴ καὶ
10 *σοὶ διὰ τὴν ὑπεροψίαν μηνίσῃ.*

7 *κιχλίζουσα* cf. Herodas 7.123, Clem. Al. Paed. III.4.29.2 Stählin, Liban. XXXII.34 Foerster, Bekk. An. 271 **8–9** *λήψῃ … κακὸν* Ar. Nub. 1310 **12 3** *ἄγαλμα* cf. AP 6.268 **6–7** *εὔρινοι … κύνες* cf. Ael. NA 6.59

4 *γὰρ* alt.] *δ' ἄρ'* Mein **6** *γὰρ*] *δὲ* S *ἐστι νῦν ἔτι*] *νῦν ἐστι* S **7** *τρυφῇ* M *τρυφή* A **9** *πατέρα ὄντα*] M (ut coni. West) *παρόντα* x **12 1** *τρυφὴ* mss. **2** *Προσπατταλεύσω νὴ Δί'*] De Stef 2 *προσπατταλεύσομαι* x *προσπατταλεύσωμαι* M *προσπατταλεύσομεν* He *λαμπρὰ* S **3** *κυνηγεσιῶν* x **4** *θηρεύτας* x *δὴ*] *δὲ* S **6** *ἔλαβες*] *εἴληφας* x *διὰ σμικρότητα* post *ἰδεῖν* transp. Mein **9** *δὴ*] *δὲ* S

XIII

Καλλιπίδης Κνήμωνι

Ἀγροίκου βίου τά τε ἄλλα ἐστὶ καλὰ καὶ δὴ καὶ τὸ ἥμερον τοῦ τρόπου· ἡ γὰρ ἡσυχία καὶ τὸ ἄγειν σχολὴν τοῖς τῆς γῆς καλὴν πραότητα ἐνεργάζεται. σὺ δὲ οὐκ οἶδα ὅπως ἄγριος εἶ καὶ γείτοσιν οὐκ ἀγαθὸς πάροικος. βάλλεις 5 *οὖν ἡμᾶς ταῖς βώλοις καὶ ταῖς ἀχράσι καὶ μέγα κέκραγας ἰδὼν ἄνθρωπον ὡς διώκων λύκον, καὶ ἀργαλέος εἶ καὶ τοῦτο δὴ τὸ λεγόμενον ἁλμυρὸν γειτόνημα· ἐγὼ δὲ εἰ μὴ πατρῷον ἀγρὸν ἐγεώργουν, ἄσμενος ἂν αὐτὸν ἀπεδόμην φυγῇ φοβεροῦ γείτονος. ἀλλ', ὦ βέλτιστε Κνήμων, τὸ* 10 *σκαιὸν τοῦ τρόπου κατάλυσον, μηδέ σε ὁ θυμὸς εἰς λύπην προαγέτω, μὴ καὶ μανεὶς σεαυτὸν λάθῃς. ταῦτά σοι φίλα παρὰ φίλου παραγγέλματα ἔστω καὶ ἴαμα τοῦ τρόπου.*

XIV

Κνήμων Καλλιπίδῃ

Ἔδει μὲν μηδὲν ἀποκρίνασθαι· ἐπεὶ δὲ εἶ περίεργος καὶ βιάζῃ με ἄκοντά σοι προδιαλέγεσθαι, τοῦτο γοῦν κεκέρ-

13 5 sqq. *βάλλεις ... ἀχράσι* cf. Men. Dysc. 83,120–21,365, Alciphr. II.32.2 B.–F., Luc. Timon 34 **8** *ἁλμυρὸν γειτόνημα* cf. Alcm. fr. 108 Page, Plat. Leg. IV.705A Apostol. II.23

13 3 *καὶ* om. S **4** *τοῖς*] *τὴν* S *καλὴν*] *ἀκαλὴν* He 3 (in annot.) *γαληνὴν* Mein *καλοῖς* Wil *ἐργάζεται* S *οἶδ'* x **5** *ἄγροικος* x *ἀγροῖκος* Gesn **6** *οὖν*] *γοῦν* He 2 *ταῖς*] *τοῖς* Gesn **9** *τὸν ἀγρὸν* Wil **10** *κνίμων* S **11** *λύπην*] M *λήθην* x *λύμην* De Stef 2 *λύτταν* Po Fob **12** *καὶ*] *γὰρ* S *φίλε* Mein

δαγκα τὸ δι' ἀγγέλων σοι λαλεῖν ἀλλὰ μὴ πρὸς αὐτόν σε.
5 *ἔστω σοι τοίνυν ἡ ἀπὸ Σκυθῶν λεγομένη ἀπόκρισις αὕτη.*
ἐγὼ μαίνομαι καὶ φονῶ καὶ μισῶ τὸ τῶν ἀνθρώπων γένος.
ἔνθεν τοι βάλλω τοὺς εἰσφοιτῶντας εἰς τὸ χωρίον καὶ βώ-
λοις καὶ λίθοις. μακάριον δὲ ἥγημαι τὸν Περσέα κατὰ δύο
τρόπους ἐκεῖνον, ὅτι τε πτηνὸς ἦν καὶ οὐδενὶ συνήντα,
10 *ὑπεράνω τε ἦν τοῦ προσαγορεύειν τινὰ καὶ ἀσπάζεσθαι.*
ζηλῶ δὲ αὐτὸν καὶ τοῦ κτήματος ἐκείνου εὖ μάλα ᾧ τοὺς
συναντῶντας ἐποίει λίθους· οὗπερ οὖν εἴ μοί τις εὐμοιρία
κατατυχεῖν ἐγένετο, οὐδὲν ἂν ἦν ἀφθονώτερον λιθίνων ἀν-
δριάντων, καὶ σέ γ' ἂν εἰργασάμην τοῦτο πρῶτον. τί γὰρ
15 *μαθὼν ῥυθμίζεις με καὶ πρᾶον ἀποφῆναι γλίχῃ οὕτως ἐχ-*
θρὰ πᾶσι νοοῦντα; ἔνθεν τοι καὶ τοῦ χωρίου τὸ παρὰ τὴν
ὁδὸν μέρος ἀργὸν εἴασα καὶ τοῦτό μοι τῆς γῆς χῆρόν ἐστι
καρπῶν. σὺ δὲ ἕνα σεαυτὸν τῶν ἀναγκαίων ἀποφανεῖς, καὶ
σπεύδεις με φίλον ἔχειν μηδὲ ἐμαυτῷ φίλον ὄντα. τί γὰρ
20 *καὶ μαθὼν εἰμι ἄνθρωπος;*

14 5 *ἡ ἀπὸ Σκυθῶν ... ἀπόκρισις* cf. Athen. XII.524e. Apostol. VIII.39, Macar. VIII.22, Diogenian. V.11, Arsen. XVI.49c **8–14** *μακάριον ... ἀνδριάντων* cf. Men. Dysc. 153–9 **16–18** *ἔνθεν ... καρπῶν* cf. Men. Dysc. 162–5

14 **4** *ἀγγέλλων* A *πρὸς αὐτόν*] *πρὸς σαυτόν* A *πρός σ' αὐτός* Mein **6** *φωνῶ* x *φθονῶ* Caz **7** *τοι*] *καὶ* add. He 3 **9** *πτηνός τε* Caz **14** *γ'*] Po *δ'* mss. **15** *μαθὼν*] *παθὼν* He 2–3 **17** *μέρος* om. x *χεῖρόν* x **18** *ἀποφαίνεις* He 2–3 **19** *ἐμαυτοῦ* Gesn **20** *μαθὼν*] *παθὼν* He 3

XV

Καλλιπίδης Κνήμωνι

Σὺ μὲν τῶν ἀποφράδων διαφέρεις οὐδὲν, οὕτως ἄγριος ὢν καὶ πονηρὸς τὸν τρόπον, δεῖ δέ σε ὅμως καὶ μὴ βουλόμενον ἥμερον ἡμῖν γενέσθαι καὶ ταῦτα αἰδοῖ γειτνιάσεως καὶ θεῶν ὁρίων τιμῇ, οἵπερ οὖν εἰσι κοινοί. θύω τοίνυν τῷ 5 *Πανὶ καὶ Φυλασίων τοὺς μάλιστα ἐπιτηδείους εἰς τὴν ἱερουργίαν παρακαλῶ. ἐν δὴ τούτοις καὶ σὲ ἀφικέσθαι βουλοίμην ἄν, σὺ δὲ καὶ ἐμπιὼν καὶ κοινωνήσας σπονδῶν ἔσῃ τι καὶ πρᾳότερος· ὁ γάρ τοι Διόνυσος φιλεῖ τὰς μὲν ὀργὰς μαραίνειν τε καὶ κατακοιμίζειν, τὰς δὲ εὐφροσύνας ἐγείρειν·* 10 *ἔσται δέ σοι ὁ αὐτὸς οὗτος θεὸς καὶ Παιὼν καὶ ἀπολύσει σε τῆς ἀκράτου χολῆς, οἴνῳ σβέσας τὸ τοῦ θυμοῦ ὑπέκκαυμα. καὶ αὐλητρίδος δὲ ἀκούσας ἴσως, ὦ Κνήμων, καὶ εἰς ᾠδὴν ἐκπεσὼν καὶ εἰς μέλος ὑπολισθὼν ἕξεις τι καὶ γαληνὸν ἐν τῇ ψυχῇ· οὐ χεῖρον δ' ἂν εἴη καὶ οἰνωμένον* 15 *σε καὶ μασχάλην ἆραι. εἰ δέ που καὶ μεθύων κόρῃ*

15 2–3 *ἄγριος ... τρόπον* cf. fr. adesp. 520 Kock **9–10** *φιλεῖ ... κατακοιμίζειν* cf. fr. adesp. 521 Kock **15–16** *οἰνωμένον ... ἆραι* cf. Cratin. fr. 298 Kock

15 3 *πονηρὸς*] *μονήρης* He 2–3 **4** *ἥμερον*] Gesn *ἡμερὰν* mss. *καὶ ταῦτα αἰδοῖ*] Mein *αἰδοῖ ταῦτα* M *αἰδοῖ καὶ ταῦτα* xV *καὶ ταῦτα* del. He 2 (in annot.) *καὶ ταῦτα γειτνιάσεως αἰδοῖ* He 3 *αἰδοῖ τ' αὐτῆς* Wil *αἰδοῖ καταντίον γειτνιάσεως* Po Fob *αἰδοῖ καταντία γειτνιάσεως* Thyr **5** *ὁρίων* Gesn *ὀρείων* MSV *ὀρείων* A *οὖν* del. Wil **9–10** *πρᾳότερος ... καὶ* om. S **12** *τὸ*] *τῷ* M **13** *κήμων* AS ante corr. **14** *ἐμπεσὼν* x **15** *γαλινὸν* M *καὶ* alt. om. edd. praeter Le **16** *σε* om. S *ἄραι* M *ᾆραι* x

περιπέσοις ἄβραν ἀνακαλούσῃ ἢ τὴν τίτθην ὑπολειφθεῖσαν εὑρεῖν πειρωμένῃ, τάχα πού τι καὶ θερμὸν δράσεις καὶ νεανικὸν ἔργον. οὐδὲν ἀπεοικὸς εἴη καὶ τοιοῦτό τι πραχθῆ-
20 *ναι ἐν τῇ τοῦ Πανὸς θυσίᾳ· καὶ γάρ τοι κἀκεῖνος ἐρωτικὸς εὖ μάλα καὶ οἷος ἐπανίστασθαι παρθένοις. λῦσον δὲ καὶ τὴν ὀφρύν, καὶ τὸ σκυθρωπὸν τοῦτο καὶ συννεφὲς χάλασον εὐθυμίᾳ. φίλου ταῦτα παραίνεσις νο⟨υθετ⟩οῦντος εἰς ἀγαθόν.*

XVI

Κνήμων Καλλιπίδῃ

Ἵνα σοι καὶ λοιδορήσωμαι ταῦτ' ἀντεπιστέλλω καὶ ἀφῶ τι τῆς χολῆς εἰς σέ. μάλιστα δὲ ἐδεόμην παρόντος, ἵνα σου καὶ αὐτόχειρ γένωμαι. τί γάρ με διαφθεῖραι γλίχῃ, τί δὲ
5 *σπεύδεις ἀπολέσαι με εἰς ἑστίασιν καὶ θοίνην παρακαλῶν; πρῶτον μὲν γὰρ τὸ πολλοὺς ὁρᾶν καὶ συνεῖναι πολλοῖς δεινῶς πέφρικα, φεύγω δὲ κοινὴν θυσίαν ὡς οἱ δειλοὶ τοὺς πολεμίους, ὑφορῶμαι δὲ καὶ τὸν οἶνον ὡς ἐπιβουλεῦσαι καὶ ἐπιθέσθαι γνώμῃ δεινῶς καρτερόν, τοὺς δὲ θεοὺς τούς*
10 *τε ἄλλους καὶ τὸν Πᾶνα ἀσπάζομαί τε καὶ προσαγορεύω παριὼν μόνον, θύω δὲ οὐδέν· οὐδὲ γὰρ αὐτοὺς ἐνοχλεῖν*

23 *νο⟨υθετ⟩οῦντος* cf. Men. Dysc. 252 **16 10–11** *τὸν Πᾶνα … μόνον* cf. Men. Dysc. 10–12

17 *περιπέσῃς* SV **19** *οὐδ' ἂν* He 2–3 **20** *τοι*] *τι* V **22** *σύννεφες* MA *σύνεφες* S **23** *νουθετοῦντος* Mein *νοοῦτος* mss. **23–24** *εἰς ἀγαθόν*] *σοι ἀγαθά* He 2–3 **16 2** *λοιδορήσομαι* S *καὶ ἀφῶ*] *ἵν'* ins. He3 **3** *χολῆς*] *ὀργῆς* x *δὲ*] Mein *γὰρ* mss. **8** *πολέμους* Wil *οἱφορῶμαι* M **10** *πᾶν* M

ἐθέλω. σὺ δέ μοι καὶ αὐλητρίδας προσείεις καὶ ᾠδάς, ὦ καταγέλαστε. ἐπὶ μὲν δὴ τούτοις κἂν ὠμοῦ πασαίμην σου. καλὰ δέ σου κἀκεῖνα, ὀρχήσασθαι καὶ ὁμιλῆσαι κόρῃ θερμότατα. σὺ μέν μοι δοκεῖς κἂν εἰς πῦρ ἁλέσθαι κἂν εἰς 15 *μαχαίρας κυβιστῆσαι, ἐμοὶ δὲ μήτε θύων εἴης φίλος μήτε ἄλλως.*

XVII

Δέρκυλλος Αἰσχέᾳ

Οὐκ ἐγὼ ἔλεγον ὅτι Πλοῦτον ὁρῶντα ὀξὺ καὶ οὐ τυφλὸν ἀνεύροις καὶ καλὰ ὁμοῦ καὶ ⟨*τὰ*⟩ *τῆς γῆς καὶ τῆς τύχης, ἐπεὶ τῶν χρηστῶν καὶ ἐπιμέλειαν τίθεται; σὺ γοῦν ἀπεδείξω τῶν εὐδαιμόνων ἐκείνων εἷς ὧν οὓς ἐπὶ Κρόνου φα-* 5 *σὶν ἐκ τῆς γῆς αὐτόματα ἔχειν πάντα καὶ κοινωνίαν ἐν αὐτοῖς ἄφθονον πολιτεύεσθαι καὶ ἀφέλειαν τρόπου καὶ ἕνα οἶκον οἰκεῖν τὸν ὑπ' οὐρανῷ τόπον πάντα. πλουτήσαντι γοῦν σοι τίς οὕτως φιλόμωμος ἢ κακὸς ὡς ἄχθεσθαι καὶ ζηλότυπα νοεῖν; μήπω τοσαύτης κακίας ἀναπλησθείη γε-* 10

13 *κἂν ὠμοῦ πασαίμην* cf. Men. Dysc. 467–468 **15–16** *εἰς πῦρ … κυβιστῆσαι* cf. Xen. Mem. I.3.9, Posidipp. fr. 1.8–10 Kock **17 2** *Πλοῦτον … τυφλὸν* cf. Plat. Leg. I.631C

12 *προσείεις*] Valck *προσίεις* M *προσίης* x **13** *κἂν ὠμοῦ*] De Stef 2 *κανῶ μοῦ* M *καινῶς οὐχ* x *πασαίμην*] M *ἀψαίμην* x **15** *μέν μοι*] *μέντοι* Mein *ἁλέσθαι*] He *ἅλεσθαι* S *ἄλλεσθαι* A *ἄλλεσθαι* M *κἂν* alt.] *καὶ* S **17** *ἄλλος* S **17 1** *Δέρκυλος* He 3 *Αἰσχρέᾳ* He **3** *ἀνεύροις*] Fob *ἀνεῦρες* mss. *ἂν εὕροις* Po *καλὰ ὁμοῦ*] De Stef 2 *καλαομοῦ* M *καταγελᾶς μου* x *τὰ* add. Wil **4** *χρηστῶν καὶ*] *ὥραν* ins. Mein **8** *τὸν*] *τῶν* M *πάντας* Mein **9** *οὕτω* A **10** *ζηλότυπα*] He *ζηλοτύπως* mss. *ἀναπλησθῇ* M

ωργῶν ἤθη. ζηλοτυπεῖν δὲ εἰς πλοῦτον καὶ ὑπὲρ χρημάτων φθονεῖν, εἰς ἀγρίας αἶγας τραπείη ταῦτα καὶ εἰς τοὺς ἐν δικαστηρίοις ῥήτορας.

XVIII

Δημύλος Βλεψίᾳ

Γεωργίαν καὶ γεωργεῖν ἀπολιπὼν ὁ γείτων Λάχης ἐπέβη νεώς, καὶ πλεῖ τὸ Αἰγαῖον, φασί, καὶ ἄλλα πελάγη μετρεῖ καὶ ἐπικυματίζει καὶ λάρου βίον ζῇ καὶ ἀνέμοις μάχεται 5 *διαφόροις· ἄκρα τε αὐτὸν ἐξ ἄκρας διαλαμβάνει, καὶ περιβλέπων ἁδρὸν κέρδος καὶ περινοῶν πλοῦτον ἀθρόον μικρὰ εἶπε χαίρειν αἰγιδίοις ἐκείνοις καὶ νομευτικῷ τῷ προτέρῳ βίῳ· γλισχρῶς τε καὶ κατ' ὀλίγον ἐκ τῶν ἀγρῶν ἀποζῆν οὐ δυνάμενος οὐδὲ ἀρκούμενος τοῖς παροῦσιν Αἰγυπτίους τε* 10 *καὶ Σύρους φαντάζεται καὶ περιβλέπει τὸ δεῖγμα καὶ πολύς ἐστι νὴ Δία τόκους ἐπὶ τόκοις λογιζόμενος καὶ χρήματα ἐπὶ χρήμασιν ἀριθμῶν, καὶ διαφλέγει τὴν διάνοιαν αὐτοῦ καὶ ἐκκάει κέρδος ἀμφοτερόπλουν, χειμῶνας δὲ οὐκ ἐννοεῖ, οὐδὲ ἐναντία πνεύματα, οὐδὲ τῆς θαλάττης τὸ* 15 *ἀστάθμητον, οὐδὲ τῶν ὡρῶν τὰς ἀκαιρίας. ἡμεῖς δὲ εἰ καὶ*

11–12 *ζηλοτυπεῖν ... φθονεῖν* cf. Plat. Symp. 213D **12** *εἰς ἀγρίας αἶγας τραπείη* cf. Call. fr. 75.13 Pf., Macar. III.59 **18 3** *πελάγη μετρεῖ* Hom. Od. 3.179 **9–10** *ἀρκούμενος ... φαντάζεται* cf. fr. adesp. 181 Kock

11 *ζηλοτυπεῖν*] x *ζηλοτυπίαι* M *ὡς* ins. He 2–3 *δὲ*] M *τε* x **12** *φθονεῖν*] Mein *φρονεῖν* mss. *φθόνοι* Wil **13** *δικαστηρίοις*] *τοῖς* ins. S *ῥήτορος* M **18 1** *δημυλος* M *δήμυλος* A *δήμιλος* S **3** *πλεῖν* S *τὸν* M *πελάγει* M **6** *μακρὰ* x **8** *οὐ*] *καὶ οὐ* M **9** *τε*] om. x **13** *δ'* S **14** *ἐννοεῖς* x *οὐδ'* S *οὐ δὲ* A *θαλάσσης* x

μικρὰ κεδραίνομεν μεγάλα πονοῦντες, ἀλλὰ πολὺ ἡ γῆ τῆς θαλάττης ἑδραιότερον, καὶ ἅτε πιστοτέρα βεβαιοτέρας ἔχει τὰς παρ' ἑαυτῆς ἐλπίδας.

XIX

Μορμίας Χρέμητι

Ἐγὼ μὲν ἔθυον γάμους ὁ χρυσοῦς μάτην καὶ περιῄειν ἐστεφανωμένος οὐδὲν δέον καὶ τούς τε ἔνδον καὶ τοὺς ἔξω θεοὺς ἐκολάκευον, ὁ δὲ παῖς κατήγαγε μὲν καὶ αὐτὸς τὸ ζεῦγος ἐκ τῶν ἀγρῶν ὡς τὴν νύμφην ἐξ ἄστεος εἰς τὸ πα- 5
τρῷον χωρίον ἐπανάξων, αὐλητρίδα δὲ λυσάμενος, ἧς ἔτυχεν ἐρῶν, νύμφης στολὴν αὐτῇ περιβαλὼν ἐπανήγαγέ μοι φάτταν ἀντὶ περιστερᾶς, φασίν, ἑταίραν ἀντὶ νύμφης. καὶ τὰ μὲν πρῶτα αἰδουμένη κορικῶς εὖ μάλα καὶ κατὰ τὸν τῶν παίδων τῶν γαμουμένων νόμον ἀπέκρυπτε τὴν τέχνην, 10
μόλις δὲ ἀπερράγη ἡ σοφία τε αὐτῶν καὶ αἱ κατ' ἐμοῦ μηχαναί. οὐ μὴν εἰς τὸ παντελές μου καταφρονήσουσιν ὥσπερ οὖν πλινθίνου, ἐπεί τοι τὸν μὲν καλὸν νυμφίον ἐς κόρακας ἀποκηρύξω ἐὰν μὴ τῆς ὑπερβαλλούσης τρυφῆς παυσάμενος σὺν ἐμοὶ ταφρεύῃ καὶ βωλοκοπῇ· τὴν δὲ νύμ- 15

19 2 *χρυσοῦς* cf. Lucianus Laps. 1, Alciphr. II.14.2, III.33.1 B.–F. **8** *φάτταν ἀντὶ περιστερᾶς* cf. Plat. Tht. 199b, Arsen. XVII.81b **9** *αἰδουμένη κορικῶς* Alciphr. I.12.1 B.–F.

16 *ποιοῦντες* x **17** *ἅτε*] M *αὔτη* x *πιστοτέρας* Mein *βεβαιοτέρας*] *τ'* add. Mein **19 1** *Κορμίας* He 2–3 in annot. **4** *καὶ αὐτὸς*] del. He **6** *δὲ*] *γὰρ* Mein **8** *ἑταίραν ... νύμφης*] del. He 4 **9** *τὸν*] om. S **10** *τῶν παίδων*] om. x *ὑπέκρυπτε* x **11** *μόλις*] *τέλος* mavult He 2–3 in annot. **12** *καταφρονίσουσιν* S

φην ἀποδώσομαι κἀκείνην ἐπ' ἐξαγωγῇ ἐὰν μή τι καὶ αὐτὴ τῶν ἔργων τῇ Φρυγίᾳ τε καὶ τῇ Θρᾴττῃ συναπολαμβάνῃ.

XX

Φαιδρίας Σθένωνι

Φύεται μὲν ἐν τοῖς ἀγροῖς καλὰ πάντα, κεκόσμηταί τε ἡ γῆ τούτοις καὶ τρέφει πάντας· καὶ τὰ μέν ἐστι τῶν καρπῶν διετήσια, τὰ δὲ καὶ πρὸς ὀλίγον ἀντέχοντά ἐστι τρω-
5 κτὰ ὡραῖα· πάντων δὲ τούτων θεοὶ μὲν ποιηταί, ἡ γῆ δὲ μήτηρ ἅμα καὶ τροφὸς αὕτη. φύεται δὲ καὶ δικαιοσύνη καὶ σωφροσύνη καὶ ταῦτα ἐν τοῖς ἀγροῖς, δένδρων τὰ κάλλιστα, καρπῶν τὰ χρησιμώτατα. μὴ τοίνυν γεωργῶν καταφρόνει· ἔστι γάρ τις καὶ ἐνταῦθα σοφία· γλώττῃ μὲν οὐ
10 πεποικιλμένη οὐδὲ καλλωπιζομένη λόγων δυνάμει, σιγῶσα δὲ εὖ μάλα καὶ δι' αὐτοῦ τοῦ βίου τὴν ἀρετὴν ὁμολογοῦσα. εἰ δὲ σοφώτερα ταῦτα ἐπέσταλταί σοι ἢ κατὰ τὴν τῶν ἀγρῶν χορηγίαν, μὴ θαυμάσῃς· οὐ γὰρ ἐσμὲν οὔτε Λίβυες οὔτε Λυδοὶ ἀλλ' Ἀθηναῖοι γεωργοί.

20 4–5 *τρωκτὰ ὡραῖα* cf. Xen. An. 5.3.12 **10–12** *σιγῶσα … ὁμολογοῦσα* cf. Men. fr. 338 Koerte **13–14** *οὐ γὰρ … γεωργοί* cf. Alcm. 16 Page

17–18 *συνεπιλαμβάνῃ* Hemst **20 3–4** *καρπῶν*] M *κακῶν* x **5** *μὲν*] om. S. *ἡ*] del. He 2–3 in annot. **13** *τῶν*] om. S

FRAGMENTA

ΕΚ ΤΗΣ ΠΟΙΚΙΛΗΣ ΙΣΤΟΡΙΑΣ

1. Stob. 3.17.28 (SVF 469) *Χρύσιππος ὁ Σολεὺς ἐποιεῖτο τὸν βίον ἐκ πάνυ ὀλίγων, Κλεάνθης δὲ καὶ ἀπὸ ἐλαττόνων.*

2. Stob. 4.25.38 *πρώτῃ καὶ ὀγδοηκοστῇ Ὀλυμπιάδι φασὶ τὴν Αἴτνην ῥυῆναι, ὅτε καὶ Φιλόνομος καὶ Καλλίας οἱ Καταναῖοι τοὺς ἑαυτῶν πατέρας ἀράμενοι διὰ μέσης τῆς φλογὸς ἐκόμισαν, τῶν ἄλλων κτημάτων καταφρονήσαντες, ἀνθ' ὧν καὶ ἀμοιβῆς ἔτυχον τῆς ἐκ τοῦ θείου· τὸ γάρ* 5 *τοι πῦρ θεόντων αὐτῶν διέστη καθ' ὃ μέρος ἐκεῖνοι παρεγίνοντο.*

3. Stob. 4.55.10 *ὁ Σωκράτης ἐπεὶ τὸ κωνεῖον ἔμελλε πίεσθαι, τῶν ἀμφὶ τὸν Κρίτωνα ἐρομένων αὐτὸν τίνα τρόπον ταφῆναι θέλει, 'ὅπως ἂν ὑμῖν' ἀπεκρίνατο 'ῇ ῥᾷστον.'*

1 sigla quibus usus sum in notis ad Stobaeum: A Parisinus 1984, L Laurentianus Florentinus plutei VIII n. 22, M Mendozae Escurialensis, S Vindobonensis Sambuci Gr. LXVII, T editio Trincavelliana Florilegii Venet. a. 1536

2 1 *ὀγδοπκοστῇ* SM *ὀλυπιάδι* S 5 *εἰς τὸ θεῖον* T
3 2 *τὸν Κρίτωνα* Kühn *τῶν κριτῶν* S *τῶν κριτῶν δ'* MA *ἐρωμένων* M *ἐρουμένων* A 3 *ἀποκρίνατο ὅπως ἂν ὑμῖν* MA

4. STOB. 2.31.38 *Σωκράτης ὁ γενναῖος ᾐτιᾶτο τῶν πατέρων ἐκείνους, ὅσοι ⟨μὴ⟩ παιδεύσαντες αὐτῶν τοὺς υἱεῖς, εἶτα ἀπορούμενοι ἦγον ἐπὶ τὰς ἀρχὰς τοὺς νεανίσκους καὶ ἔκρινον αὐτοὺς ἀχαριστίας, ὅτι οὐ τρέφονται ὑπ' αὐτῶν.*
5 *εἶπε γὰρ ἀδύνατον ἀξιοῦν τοὺς πατέρας· μὴ γὰρ οἵους τε εἶναι τοὺς μὴ μαθόντας τὰ δίκαια ποιεῖν αὐτά.*

5. SUDA α 4140 *πολὺς δὲ καὶ ἀσελγὴς τίκτεται ἐκεῖθι (ἄνεμος)· γένεσις δὲ αὐτῷ αὐλῶνες βαθεῖς καὶ φάραγγες, δι' ὧν ὠθούμενος ἐκτείνει λαμπρότατος.*

Περὶ τῶν Ῥωμαίων γυναικῶν

6. SUDA δ 1478 *αἳ δεξάμεναι παρὰ Πύρρου τὰ δῶρα ἔφασαν ἢ δὼς αὐταῖς πρέπειν καὶ ἀξία εἶναι τοῦ πέμψαντος Πύρρου· ἀνόσιον δὲ αὐταῖς εἶναι φορεῖν.*

5 1–2 *ἀσελγὴς ἄνεμος*] cf. Eupolis fr. 320 Kock
6 2 *δὼς*] cf. Hes. OD 356

5 sigla quibus usus sum in notis ad Suda: A Parisini 2625 et 2626, B Parisinus 2622, C Oxoniensis Corporis Christi 76–77, D Bodleianus Auct. V 52, E Bruxellensis 59, F Laurentianus 55,1, G Parisinus 2623, I Angelicanus 75, M Marcianus 448, O Bodleianus Auct. V 53, S Vaticanus 1296, T Vaticanus 881, V Vossianus Fol. 2.

4 1 *γενναῖος*] *Ἀθηναῖος* Mein 2 *μὴ* om. L sed est aliquid erasum, add. Gais *μὴ πρὸς ἀρετὴν* maluit He in adn. *αὐτῶν* Mein *αὐτῶν* L 4 *ἔκριναν* He 5 *εἶπε* Mein *εἰς* L *ἔφη* He *ἀδύνατα* He **5** 3 *ἐκτείνει*] *ἐκπίπτει* He *λαβρότητα* M *λαβρότατος* cett. **6** 2 *ἢ δὼς*] *εἰ δὼς* A *ἰδεῖν μὲν* Chalc *ἢ δὼς ὅτι δοκεῖν μὲν* Hermann 3 *δὲ*] *εἶναι* add. A

7. Suda φ 445 *ἐπ' ἐλευθερίᾳ τινὲς Ῥωμαίοις φιλωθέντες, εἶτα μέντοι τὴν πίστιν, ἥπερ οὖν δεσμός ἐστι φιλίας, οὐκ ἐτήρησαν.*

8. Suda κ 146 *οὐδεὶς οἰκέτης μνημονεύεται κάκῃ εἴξας προδοῦναι τὸν δεσπότην.*

ΕΚ ΤΟΥ ΠΕΡΙ ΠΡΟΝΟΙΑΣ

9. Phryn. fr. 39 = Suda α 21 *ἐχρήσατο δὲ Αἰλιανὸς ἐν τῷ Περὶ προνοίας γ' λόγῳ τῷ ἀβασάνιστος ἀντὶ τοῦ ἄνευ ὀδύνης.*

Περὶ δᾳδούχου διὰ τῶν Ἐπικούρου λόγων ἐκνουρισθέντος.

10a. Suda ο 512 *τῶν ἐξ Ἐλευσῖνος ὀργεώνων εἷς.*

10b. Suda χ 349 *χλούνης τε καὶ γύνανδρος ἀνὴρ (εἰ δοίημεν αὐτὸν ἄνδρα εἶναι) διὰ τῶν Ἐπικούρου λόγων τὴν ψυχὴν ἐκνευρισθεὶς καὶ θῆλυς γενόμενος. ὁ πρὸ Στρατοκλέους Ἀθήνησι δᾳδουχήσας, ὁ χλούνης τε καὶ γύννις, καταγοητευθεὶς καὶ οἷον ἐν δεσμῷ τινι ἀφύκτῳ πεδηθείς.* 5

10 2–4, 7–9, 8–10 Suda ε 512

7 1 *Ῥωμαῖοι* V 9 2 *γ' λόγῳ*] om. Suda *ἀβανίστως* Phryn. 10 1 *ὀργεῶνος* A 4 *πρὸ*] A Suda δ 6 *πρὸς* cett. 4–5 *Στρατοκλέα*] GF cp. S

10c. SUDA ε 3604 *ἀνήρ τις ἦν (εἰ δοίημεν αὐτὸν ἄνδρα εἶναι) διὰ τῶν Ἐπικούρου λόγων τὴν ψυχὴν ἐκνευρισθεὶς καὶ θῆλυς γενόμενος, ὁ χλούνης τε καὶ γύννις, ὥσπερ ἐπι-*
10 *λαθόμενος ὤθησεν ἑαυτὸν εἰς τὸ μέγαρον φέρων, ἔνθα δήπου τῷ ἱεροφάντῃ μόνῳ παρελωθεῖν θεμιτὸν ἦν.*

10d. SUDA δ 6 *καὶ δᾳδουχήσας Ἀθήνησιν. ὡς Ἀθηναίων φασὶν οἱ ταῦτα ἀκριβοῦντες δόκιμοι. εὔξαντο δὲ καὶ τῇ Βουλαίᾳ καὶ τῇ Κόρῃ διά τε τῶν ἱεροφαντῶν καὶ τοῦ*
15 *δᾳδούχου σωτηρίαν αὐτοῖς. ... ὁ πρὸ Στρατοκλέους Ἀθήνησι δᾳδουχήσας, ἐκ τῆς ἡδονῆς, ἣν ἐκεῖνος ὕμνει ὁ χλούνης τε καὶ γύννις.*

10e. SUDA γ 504 *κακὴν σοφίαν μετιὼν καὶ τοὺς ἀθέους Ἐπικούρου λόγους καὶ γύννιδας ἐπασκῶν κἀκ τῆς*
20 *ἡδονῆς, ἣν ἐκεῖνος ὕμνει ὁ χλούνης τε καὶ γύννις.*

10f. EUST. in Il. ι 2.794 *ὅτι δὲ καὶ ἐντομίαν ὁ χλούνης δηλοῖ οὐ μόνον Αἰσχύλος δίδωσι χρῆσιν, ἀλλὰ καὶ Αἰλιανὸς μάλιστα ἐν τοῖς Περὶ προνοίας, χλούνην λέγων τὸν ἀπόκοπον.*

25 **10g.** SUDA ε 3584 *εἶτα μέντοι παρ' οὐδὲν θέμενος τὰ σεμνὰ Εὐμολπιδῶν καὶ Κηρύκων καὶ τῶν ἄλλων γενῶν ἱερῶν τε ὄντων καὶ θεοφιλῶν, ἐπίρρητον δὲ καὶ θῆλυν σοφίαν προελόμενος.*

10h. SUDA μ 381 *καὶ ὡς οὐ μέλει τῶν ἀνθρωπείων τῷ*
30 *θεῷ, ὠθεῖ ἑαυτὸν εἰς τὸ μέγαρον, ἔνθα δήπου τῷ μὲν ἱεροφάντῃ μόνῳ παρελθεῖν θεμιτὸν ἦν κατὰ τὸν τῆς τελετῆς νόμον, ἐκείνῳ δὲ οὐκ ἐξῆν.*

9 *ὅσπερ* Suda ed. Kust He **12** *ὡς*] *ὧν* M **14** *Βουλαία*] Bernhardy *βουλῇ* mss. **15** *ὁ*] *καὶ* GIT

10i. Suda ι 195 *καὶ ὡς οὐ μέλει τῶν Ἀθηναίων τῷ θεῷ δεῖξαι φλεγόμενος, ὤθησαν ἑαυτὸν φέρων εἰς τὸ μέγαρον· ἔνθα δήπου τῷ μὲν ἱεροφάντῃ μόνῳ παρελθεῖν θε-* 35 *μιτὸν ἦν κατὰ τὸν τῆς τελετῆς νόμον, ἐκείνῳ δὲ οὐκ ἐξῆν. ἐπεὶ δὲ ἐτολμήθη οἱ τὸ τόλμημα, φρίκη τις αὐτὸν περιέρχεται καὶ νοσεῖ νόσῳ μακροτάτῃ,*

10k. Suda τ 477 *καὶ τηκεδὼν αὐτὴν διεδέξατο· καὶ ὅσα ἐτόλμησε βοῶν καὶ λέγων, καὶ ὡς ἐστὶν ἀνθρώπων* 40 *ἀσεβεστάτων ἐκτραγῳδῶν καὶ εὐχόμενος, τὴν ἐπίρρητόν τε καὶ κατάρατον*

10l. Suda α 3499 *ἀπορρῆξαι τὴν ψυχὴν διψῶντα, μόλις καὶ ὀψὲ τούτου τυχόντα.*

Περὶ Φιλήμονος κωμικοῦ θανάτου

11. Suda φ 328 *οὗτος βιώσας ἔτη α' καὶ ρ' ἄπηρος ἦν τὸ σῶμα· καὶ μέντοι καὶ τὰς αἰσθήσεις πάσας ἀσινεῖς εὐμοιρίᾳ τινὶ διεσώσατο. ὁμολογοῦσι δήπου καὶ τοῦτο· πολεμούντων δὲ Ἀθηναίων καὶ Ἀντιγόνου, Πειραιεῖ διαιτώμενος ὁ Φιλήμων ὄναρ ὁρᾷ κόρας ἐξιούσας θ' τῆς οἰκίας αὐτοῦ·* 5 *ἐδόκει δὲ ἐρέσθαι αὐτὰς τί βουλόμεναι καταλείπουσιν, αὐτῶν δὲ ᾤετο ἀκοῦσαι λεγουσῶν ἔξω θυρῶν ἰέναι, μὴ γὰρ εἶναι θεμιτὸν ἀκοῦσαι αὐτάς· καὶ τὸν μὲν ὄνειρον ἐνταῦθα*

37 *ἐπεὶ δὲ ἐτολμήθη*] *καὶ τολμηθὲν* Suda φ 713 **38** *νοσεῖ … μακροτάτῃ*] *νοσεῖν καὶ νόσῳ μακρᾷ* Suda τ 477 **39** *αὐτὸν* He *διετάξατο* V *καὶ* pr. om. G **40** *ὡς*] *ὅσα* Basil **43** *ψυχὴν ἀπορρῆξαι* Suda τ 477 **11 1** *ἄπορος* V **4** *δὲ*] om. G *γὰρ* Gaisf *Πειραιοῖ* Dind **6–7** *αὐτῶν*] *αὐτόν· αὐτῶν* Chalc *αὐτόν· ᾤετο δὲ* Bern **7** *ἰέμεναι* V **8** *ἀκοῦσαι*] *μεῖναι* He *αὐτάς*] *ἁλῶναι τὰς Ἀθήνας* suppl. Niebuhr

παύσασθαι· αὐτὸς δὲ διυπνισθεὶς τῷ παιδὶ περιηγεῖται ἅ
10 τε εἶδε καὶ ὅσα ἤκουσε καὶ ἅτινα εἶπεν. εἶτα μέντοι
ἔγραψε τὰ λοιπὰ τοῦ δράματος, ὅπερ οὖν ἔτυχε διὰ τῆς
παρούσης ἄγων φροντίδος· καὶ ἐπιλυσάμενος ἡσυχῇ
ἔκειτο· κᾆτα ὑπερέγχε. καὶ οἵ γε ἔνδον ᾤοντο καθεύδειν
αὐτόν. ἐπεὶ δὲ μακρὸν τοῦτο ἦν, ἐκκαλύψαντες τεθνεῶτα
15 ἐθεάσαντο. οὐκοῦν, ὦ Ἐπίκουρε, παρῆσαν δὴ καὶ Φι-
λήμονι ἐννέα Μοῦσαι, καὶ ὅτε ἔμελλε τὴν ἐπινησθεῖσάν οἱ
καὶ τελευταίαν ὁδὸν ἰέναι, ᾤχοντο ἀπιοῦσαι. θεοῖς γὰρ οὐ-
δαμῇ θεμιτὸν ὁρᾶν ἔτι νεκρούς, καὶ ἐὰν ὦσι πάνυ φίλοι,
οὐδ' ὄμμα χραίνειν θανασίμοισιν ἐκπνοαῖς.
20 σὺ δὲ λέγεις αὐτοὺς μὴ ἡμῖν προσέχειν, ὦ μῶρε.

Περὶ Μονίμης Μιλεσίας

12a. Suda ω 149 γυνὴ τὴν ὥραν διαπρεπής, σώφρων
τὸν τρόπον.

12b. Suda π 274 ὁ δὲ ὁρᾷ τὴν Μιλησίαν καὶ ἐρᾷ αὐ-
τῆς καὶ πέμπει πειρῶν πεντακισχιλίους καὶ μυρίους αὐτῇ
5 χρυσοῦς, καὶ εἰ πλέον ἐδεῖτο, ἔφατο δώσειν· ἡ δὲ οὐ

11 19 Eur. Hipp. 1438 **12 3–8** cf. Plut. Luc. 18.3
5–7 Suda μ 1123 **5–8** Suda π 2648

9 αὐτὸν V **12** ἐπειλυσάμενος M e corr. ἐπηλυγησάμενος
Toup **13** ὑπερέσχε Chalc He ὑπεξέσχε Valck **16** ἐννέα]
αἱ ins. He ἐπινηθεῖσάν VM ante corr. **17** καὶ om. G
18 ἔτι] om. V ἐὰν] ἂν V **19** χραίνει θανασίμοις V
20 λέγειν G **12 3** Μιλησίαν] Toup Μελησίαν mss. cf. Plut.
4 πειρῶν] Valck πείσων mss. cf. Plut. πειρῶντος **5** ἐδεῖτο]
δέοιτο He

προσεῖτο τὴν δόσιν, ἑταιρικὸν φάσκουσα εἶναι μίσθωμα τὸ ἑαυτὴν παραβαλεῖν ἀνδρὶ ἀγνῶτι καὶ ὥσπερ ὤνιον τὸ κάλλος ἀποδόσθαι.

12c. SUDA δ 951 *διέρρει τοίνυν ὑπὲρ τῆς ἀνθρώπου κλέος σοβαρώτατον.* 10

12d. SUDA π 896 *καὶ ἕδνα ᾔτει γενέσθαι βασιλίς, τὸ τοῦ Μενάνδρου, ἵνα τι καὶ παίσω, Τρικορυσία βασίλιννα καὶ αὕτη, δέσποινα εἶναι τοῦ Πόντου ἐθέλουσα.*

12e. SUDA ε 3442 *Μιθριδάτης δὲ τὴν ἀποδημίαν Λευκούλλου ἑαυτῷ κατέγραψεν εὐερμίαν εἶναι.* 15

12f. SUDA ω 223 *ἡ δὲ ὡς ἐπύθετο, ὡς ἐκ τῶν παρόντων αἵρεσιν ἑκάστῃ δόντος θανάτου ὡς ἔνι μάλιστα ἀλύπου τε καὶ κούφου, τὸ διάδημα, ὅπερ οὖν ἐπὶ τῆς κεφαλῆς εἶχε σύμβολον δὴ καὶ μαρτύριον ἀρχῆς, περισπάσασα, εἶτα μέντοι τῷ τραχήλῳ περιβάλλει πρὸς τὴν χρείαν* 20 *τὴν παροῦσαν βρόχον ἀποφήνασα.*

12g. SUDA κ 741 *τὸ δὲ ταραντινίδιον λεπτόν τε ὂν καὶ ἀσθενές, ἐπεὶ μόνον ἐτάθη, κᾆτα ἀπορρήγνυται. ἡ δὲ*

6–7 Suda α 287 **12–13** Suda τ 984 **12** *Τρικορυσία βασίλιννα* Men. fr. 652a Körte **18–20** Suda τ 111

6 *προσεδεῖτο* A in Suda π 2648 **7** *ἑαυτὴν* om. A *παραλαβεῖν* F in Suda μ 1123 *παραβάλλειν* Suda π 2648 **11** *βασιλίς* del. He *τὸ* om. A **12** *παίσα* A *βασίλισσα* A **13** *αὐτή* maluit in adn. He **14** *δὲ* om. A **14–15** *Λευκούλλου*] A *Λευκούλου* FV *Λευκάλου* GIM *Λουκούλου* Chalc **15** *κατέγραφεν* A **16** *ἡ*] *οἱ* GF in Suda τ 111 **18** *τὸ*] *καὶ τὸ* S **20** *εἶτα* om. S *περιβαλλοῦσα* F *περιβαλοῦσα* cett. in Suda τ 111 **22** *δὲ*] *δὲ ἦν* Suda τ 111 *ταραντενίδιον* Suda τ 111 *ὂν* om. Suda τ 111

περιαλγεῖ καί φησιν· 'ὦ κατάπτυστόν τε καὶ ἐπίρρητον
25 *ῥάκος, οὐδὲ εἰς ταύτην μοι τὴν χρείαν ἐπιτήδειον ἐγένου.'*
καὶ ῥίψασα αὐτὸ ξίφει ἑαυτὴν διεχρήσατο.

13. SUDA σ221 *κατά τι πυθόχρηστον ἧκε θεῶν κομίζων ἱερὰ εἰς τὴν μετοίκησιν σεμνὰ ἐφόδια.*

14. SUDA ψ41 *παρ' οὐδὲν τιθέμενος τὴν τοῦ ἱεροῦ γράμματος συμβουλήν, ὅπερ οὖν οἷα δήπου ψέλιον τῷ βασιλεῖ τῶν Αἰγυπτίων ἐκ τοῦ νόμου προσήρτητο, ἀναστέλλον τῶν ἀδικημάτων.*

15. EUST. in Il. α1.157 *ἡ δὲ χρῆσις τοῦ ἀθέρος παρὰ Αἰλιανῷ ἐν τῷ Περὶ προνοίας.*

16. EUST. in Il. δ1.785 *ἔρρεε δακρύοις ὁ ὀφθαλμός, ὅπερ ἐν τῷ Περὶ προνοίας φησὶν Αἰλιανός.*

17. EUST. in Il. ζ2.371 *σημείωσαι δὲ ὅτι ἐντεῦθεν παρέξεσται ὁ χρησμὸς ὁ παρὰ τῷ Αἰλιανῷ ἐν τῷ Περὶ προνοίας λέγων οὕτω*

μοῖραν μὲν θνητοῖσιν ἀμήχανον ἐξαλέασθαι,
5 *ἣν ἐπὶ γεινομένοισι πατὴρ Ζεὺς ἐγγυάλιξεν.*

18. EUST. in Il. κ3.42 *τὸ δὲ δυσωρεῖν παρῆκται μὲν ὁμοίως τῷ ἀρκυωρεῖν, ὃ ἐν τοῖς Περὶ προνοίας κεῖται παρὰ τῷ Αἰλιανῷ.*

14 **1–2** *τοῦ ἱεροῦ γράμματος*] *ἱερογράμματος* SC **2** *δήπου*] *δή τι* Valck **3** *ἀναστέλλων* GFS

19. EUST. in Dionys. Perig. 453 (GGM II 302) *Αἰλιανὸς ἐν τοῖς Περὶ προνοίας φησὶν ὅτι ἐν Γαδείροις βωμὸς Ἐνιαυτῷ ἵδρυται καὶ Μηνὶ ἄλλος εἰς τιμὴν Χρόνου βραχυτέρου τε καὶ μακροτέρου. ἔστι δὲ καὶ Γήρως φησὶν ἱερὸν τοῖς ἐκεῖ τιμῶσι τὴν ἡλικίαν τὴν μαθοῦσαν πολλά,* 5 *καὶ Θανάτου ἄλλο εἰς γέρας τῇ κοινῇ ἀναπυλῇ, ἤγουν τῷ τελευταίῳ ὅρμῳ· καὶ βωμὸς δέ, φησί, παρὰ τοῖς ἐκεῖ Πενίας καὶ Τέχνης, τῆς μὲν ἐξιλεουμένοις, τῆς δὲ παραλαμβάνουσιν εἰς ἄκος ἐκείνης.*

20. JOANNES SICULUS Scholia in Hermog. in Walz Rhet. Gr. VI 229 *Αἰλιανοῦ τινος ἐν τῷ Περὶ δαιμόνων προνοίας γράφοντος ἐπὶ τῆς ἀληθείας ἀνατροπῇ, καὶ Σμυρναίου Πολέμωνος, οἳ βαθιστείσας πόλεις λέγουσι συγχορεύειν ταῖς Μούσαις.* 5

ΕΚ ΤΟΥ ΠΕΡΙ ΘΕΙΩΝ ΕΝΑΡΓΕΙΩΝ

21. SUDA *α* 2253 *πάντα ὅσα ἔδρασεν ἀνεμάξατο καὶ ἔτισε τῇ ἑαυτοῦ κεφαλῇ.*

19 sigla quibus usus sum in notis ad Eustathium in Dionys. Perig.: C Parisinus 2723, E Parisinus 2852, F Parisinus 2562, K Parisinus 1411, L Parisinus 2708, M Parisinus 2730, d Monacensis, y Vaticanus Vecchiae 922

19 2 *ἐν*] *δὲ καὶ ἐν* d **4** *μακροτέρου τε καὶ βραχυτέρου* C **4–5** *καί Γήρως* post *ἐκεῖ* transposuit d sed *γέρω* pro *Γήρως* **6** *ἀναπαύσῃ* C *ἤγουν*] *εἴτουν* C *εἴτ' οὖν* M *ἤτοι* E **7** *δὲ* om. Ed **8** *Τέχνης*] *τύχης* C *τῆς μὲν*] *τὴν μὲν* ELd *τῆς … τῆς*] *τοῖς … τοῖς* FKM **9** *ἐκείνης*] *ἐκεῖνος* C
21 1–2 *καὶ ἔτισε* del. He

Περὶ Διοπείθους ῥήτορος Ἀθηναίου

22a. SUDA ε 2681 *καὶ τὸ μὲν ἐπιτήδευμα ἦν ῥήτωρ, Διοπείθης τὸ ὄνομα.*

22b. SUDA γ 392 *καὶ ἐνέκειντο αὐτῷ τὴν ἐξ αὐτοῦ προφέροντες, καὶ προσιόντες ὡς εἰπεῖν Γοργόνα κατεσίγα-*
5 *σαν, τὴν ἄλλως πρόλαλον ὄντα καὶ ἰταμόν. λέγει δὲ περὶ Διοπείθους τοῦ Ἀθηναίου, ὃς νόμον εἰσάγει, τὸν ἀπὸ τοῦ ἄστεος ἐν Πειραιεῖ μείναντα, τοῦτον τεθνάναι. οὗτος οὖν ὠψίσθη ποτὲ ἄκων καὶ κατέμεινεν ἐν τῷ Πειραιεῖ, καὶ αὐτὸν οἱ ἐχθροὶ εἰς δίκην ὑπάγουσι. διὰ τοῦτο λέγει*
10 *προσιόντες Γοργόνα.*

22c. SUDA π 2 *καὶ τοῦτο δήπου τὸ τοῦ Αἰσχύλου, τοῖς ἑαυτοῦ πτεροῖς περιπεσὼν καὶ ἐνσχεθεὶς ταῖς πάγαις ἃς ἄλλοις ὑφῆκε, τὰ ἐκ τοῦ νόμου δικαίως ἔπαθε·*

τεύχων ὡς ἑτέρῳ τις ἑῷ κακὸν ἥπατι τεύχει.

15 **22d.** SUDA ι 730 *οὕτως ἄρα αἱ ἰσχυραὶ τιμωρίαι πολλάκις εἰς τοὺς εὑρόντας αὐτὰς περιτρέπονται, καὶ ὅσα προσέταξαν παθεῖν ἕτερον, αὐτοὶ πεπόνθασιν.*

23. SUDA ε 1441 *κατά τινα χρησμὸν βουληθεὶς ἱλεώσασθαι τὸν τῷ οἴκῳ αὐτῷ γεγενημένον ἐνστάτην δαίμονα.*

22 4–5 Suda π 2493 7–8 Suda ω 293 **11–13** cf. Aeschyl. fr. 139.4 **14** cf. V H 8.9 Call. Aet. 2.5 Pf

22 4 *προσιόντες*] *προσείοντες* Port 4–5 *κατησίγησαν* VM *καὶ τοῦτον κατεσίγασαν* Suda π 2493 He 5 *τηνάλλως* FV *τηνάλως* AGM in Suda π 2493 *ὄντα* transposuit post *ἰταμόν* Suda π 2493 *καὶ*] *τε καὶ* Suda π 2493 7 *οὗτος οὖν*] *ὁ δὲ* Suda ω 293 **8** *καὶ* om. S in Suda ω 293 **12** *ἐνσχεσθεὶς* S **23** 2 *αὐτῷ*] *αὐτοῦ* V *δαίμοναν* A

Περὶ Καλλιγόλας

24. Suda κ216 *οὕτως ἐκαλεῖτο Γάϊος ὁ βασιλεὺς Ῥωμαίων, ἐπειδὴ ἐκ μικρᾶς ἡλικίας τὰ πολλὰ ἐν τῷ στρατοπέδῳ ἐτρέφετο καὶ τοῖς στρατιωτικοῖς ἐχρῆτο ὑποδήμασιν. ἐκ τῶν καλλίγων οὖν Καλλιγούλαν αὐτὸν ὠνόμασαν. ἢ Καλλιγόλας ὁ Γάϊος, διὰ τὸ ἐν στρατοπέδῳ γεννηθῆναι· ὥς φησιν Αἰλιανὸς ἐν τῷ Περὶ θείων ἐναργειῶν.* 5

ΕΚ ΤΟΥ ΕΙΣ ΤΟΝ ΤΙΜΑΙΟΝ

25a. Porph. in Harm. 33–36 Düring *Πεπείραται δὲ καὶ Αἰλιανὸς ἐν τῷ δευτέρῳ τῶν Εἰς τὸν Τίμαιον ἐξηγητικῶν παραστῆσαι τὸ τοιοῦτον, οὗ τὴν λέξιν παραγράψομεν ἔχουσαν οὕτως.*

'Αἱ δὲ φωναὶ διαφέρουσιν ἀλλήλων ὀξύτητι καὶ βαρύτητι. ἴδωμεν οὖν, τίνες εἰσὶ τῆς διαφορᾶς τῶν φθόγγων ἀρχηγοὶ αἰτίαι. πάσης δὴ φωνῆς ἀρχηγὸς αἰτία ἐστὶν ἡ κίνησις. εἴτε γάρ ἐστι φωνὴ ἀὴρ πεπληγμένος, ἡ πλῆξις κίνησίς ἐστιν, εἴτε, καὶ ὡς ⟨οἱ⟩ Ἐπικούριοι θέλουσι, τὸ τῆς ἀκοῆς αἰσθητήριον – ἀπὸ τῶν φωνῶν τῆς παραφωνῆς παραγινομένης ἐπὶ τὸ τῆς ἀκοῆς αἰσθητήριον ἔκ τινων ῥευμάτων – καὶ οὕτως ἡ κίνησις αἰτία γίνεται τοῦ πάθους. 5 10

25 sigla quibus usus sum in notis ad Porphyrium: M Venetus Marcianus app. cl. VI/10, E Vaticanus 186, T Vindobonensis int. phil. gr. 176, V Vaticanus 187, G Vaticanus 198, A Vaticanus 176, m consensus METV, g consensus G et codicum conexorum, p Venetus Marcianus 322 et codicum conexorum

24 4 *καλίγων* He *Καλλιγόλαν* G *Καλιγόλαν* He **5** *Καλιγόλας* He **6** *ἐνεργειῶν* A

τίς οὖν ἡ περὶ τὴν κίνησιν διαφορὰ θεωρήσωμεν καὶ ποία κίνησις τῆς τοιᾶσδε φωνῆς αἰτία, καὶ ποία τῆς τοιᾶσδε;
15 *τοῖς οὖν φαινομένοις τὰ πρῶτα προσέχοντες οἱ πρὸ ἡμῶν καὶ λαβόντες ἀπὸ τούτων τὴν καταρχὴν τὸ ζητούμενον ἐπορίσαντο. ηὑρίσκετο γὰρ τῆς μὲν ὀξείας φωνῆς ἡ ταχεῖα κίνησις αἰτία, τῆς δὲ βαρείας ἡ βραδυτής. καὶ τοῦτο συνιδεῖν ἔστιν ἐπὶ τῶν φαινομένων ταῖς αἰσθήσεσι τοῦ συμ-*
20 *βαίνοντος. ἐὰν γὰρ αὐλοὺς λάβῃ τις δύο ταῖς εὐρύτησι τῶν κοιλιῶν ἴσους καὶ τῷ αὐτῷ πνεύματι χρησάμενος ἐμφυσήσῃ ἀπὸ μιᾶς δυνάμεως τοῦ πνεύματος, ἐξακουσθήσεται διὰ μὲν τοῦ μείζονος αὐλοῦ βαρύτερος φθόγγος διὰ δὲ τοῦ ἐλάσσονος ὀξύτερος. καὶ φανερόν, ὅτι – τοῦ πνεύματος*
25 *διὰ μὲν τοῦ ἐλάσσονος τάχιον διαθέοντος καὶ τὸν παρακείμενον ἀέρα πλήξαντος, διὰ δὲ τοῦ μείζονος βράδιον τὸν ἐν τῷ μακροτέρῳ αὐλῷ περιεχόμενον ἀέρα προώσαντος – κατὰ λόγον ὀξύτερος μὲν ὁ φθόγγος διὰ τοῦ τῷ μεγέθει μικροτέρου αὐλοῦ γίνεται, βραδύτερος δὲ διὰ τοῦ μα-*
30 *κροτέρου. καὶ αἱ σύριγγες δὲ τοῦτο ἐναργῶς δηλοῦσιν, ὅταν ἐξ ἀνίσων μὲν τοῖς μήκεσι μεγεθῶν γένωνται οἱ αὐλίσκοι, ἴσων δὲ ταῖς τῶν κοιλιῶν εὐρύτησιν. ὁ γὰρ μικρότερος τῷ μήκει αὐλίσκος ὀξύτατον φθόγγον ἀποτελεῖ, ὁ δὲ μέγιστος βαρύτερον, οἱ δὲ μεταξὺ ἀναλογούντως ἀπηχ-*
35 *οῦσι. πάλιν δ' ἐὰν λάβῃς δύο αὐλοὺς τοῖς μὲν μήκεσιν ἴσους, ταῖς δ' εὐρύτησι τῶν κοιλιῶν διαφέροντας, καθάπερ ἔχουσιν οἱ Φρύγιοι πρὸς τοὺς Ἑλληνικούς, εὑρήσεις παραπλησίως τὸν εὐρυκοίλιον ὀξύτερον προϊέμενον φθόγγον τοῦ στενοκοιλίου. θεωροῦμέν γέ τοι τοὺς Φρυγίους στενοὺς*
40 *ταῖς κοιλίαις ὄντας καὶ πολλῷ βαρυτέρους ἤχους προβάλλοντας τῶν Ἑλληνικῶν. καὶ ἐπὶ τούτων οὖν τὸ*

25 **24–25** *ὀξύτερος ... ἐλάσσονος* om. T **34** *ἀναλογοῦντας* g **34–35** *ὑπηχοῦσι* M *ἀποχοῦσι* T

τάχος τῆς κινήσεως αἴτιον. ἐπὶ μὲν γὰρ τῶν στενοπόρων
δυσοδοῦντος τοῦ πνεύματος καὶ τῇ μικρότητι τοῦ πόρου
θλιβομένου βραδυτέρα κίνησις αὐτοῦ γίνεται, ἐπὶ δὲ τοῦ
εὐρυτέρᾳ τῇ κοιλίᾳ κεχρημένου, ἅτε δὴ μηδεμιᾶς ἐγκοπῆς 45
γινομένης ἡ διέξοδος τοῦ πνεύματος ταχυτέρα συμβαίνει
καὶ ἐφ' ἑνὸς αὐλοῦ ταὐτὸ κατανοῆσαι δυνατόν ἐστι. τὰ
γὰρ τρήματα πρὸς γένεσιν ὀξέων καὶ βαρέων φθόγγων με-
μηχάνηται· τὰ γὰρ ἐγγυτάτω τῆς γλωσσίδος τρήματα, του-
τέστι τ' ἀνωτάτω, τάχιον τοῦ πνεύματος δι' αὐτῶν εἰς τὸν 50
ἐκτὸς ἀέρα ἐκπίπτοντος, ὀξύτερος ὁ φθόγγος γίνεται, διὰ
δὲ τῶν πορρωτέρω τρημάτων βαρύτερος ὁ φθόγγος ἀποτε-
λεῖται, δι' οὖν τῶν κατωτάτω τρημάτων βαρύτατος, ὅθεν
ἐὰν βουληθῶσιν ὀξύτερον ἀποτελέσαι φθόγγον, τὰ μὲν
ἀνωτέρω τρήματα ἀνοίγουσι, τὰ δὲ κατώτερα κλείουσιν, 55
ἐὰν δὲ βαρύτερον, τὸ ἐναντίον ποιοῦσι. καὶ ἐπὶ τῶν ἐντα-
τῶν δ' ὀργάνων τὸ αὐτὸ παρέσται σκοπεῖν. οἵ γέ τοι πα-
λαιοὶ τὸ τρίγωνον, ὃ δὴ καλεῖται σαμβύκη, ἐξ ἀνίσων τοῖς
μήκεσι χορδῶν ἐποίησαν, μακροτάτης μὲν τῆς πασῶν ἐξω-
τάτω, ὑποδεεστέρας δὲ ταύτης τῆς πλησίον, τῶν δ' ἔτι 60
ἐνδοτέρων καὶ πρὸς τῇ γωνίᾳ τοῦ ὀργάνου καθημένων
κολοβωτέρων τοῖς μήκεσιν· ἰσοπαχεῖς δ' ἐποίουν τὰς
χορδάς. οὐ γὰρ ᾔδεσάν πω τὰς τῶν παχέων διαφοράς. διὸ
καὶ συνέβαινε τὰς μὲν μικροτέρας χορδὰς πληττομένας
ὀξύτερον ἀποτελεῖν τὸν φθόγγον, τὰς δὲ μακροτέρας βαρύ- 65
τερον. ἐπὶ μὲν γὰρ τῶν μακροτέρων χορδῶν {φθόγγων}
βραδεῖα τε γίνεται ἡ ἀντίστασις καὶ ὁμοίως βραδίων ἡ

48–49 *μεμηχάνηται*] *μηχανήματα* g **49** *ἐγγυτάτω*] Düring *ἐγγύτατα τῷ* codd. *τρήματα*] *τρόματι* T **51–53** *διὰ … ἀποτελεῖται* om. T **52–53** *βαρύτερος … τρημάτων* om. g **58** *δὴ* om. G. *ὃ … σαμβύκη* om. p *σαμβήκη* G *τὸ τρίγωνον ὄργανον καμβύκη καλεῖται* T in marg. **66** *φθόγγων* del. Düring **67** *ἀντίτασις*

μετὰ τὴν πλῆξιν ἀποκατάστασις, ὅθεν ὁ ἀὴρ βράδιον ὑπὸ τῆς χορδῆς πληττόμενος βαρὺν ἀποτελεῖ τὸν φθόγγον. ἐπὶ
70 *δὲ τῶν βραχυτέρων χορδῶν ταχεῖα γίνεται ἥ τε πλῆξις καὶ ἡ ἀποκατάστασις. ὕστερον δ' ἐπενοήθη ἐπὶ τῶν ἰσομηκῶν χορδῶν τὴν τῶν παχέων διαφορὰν τὸ τάχος τῆς κινήσεως διὰ μὲν τῶν παχυτέρων χορδῶν βράδιον γίνεσθαι, διὰ δὲ τῶν λεπτομερῶν θᾶσσον. καὶ δι' ἄλλων δὲ πολλῶν τὸ αὐτὸ*
75 *παραστῆσαι δυνάμενος, ἵνα μὴ τὴν γραφὴν ἐπιμήκη ποιῶ, ἀρκεθήσομαι τοῖς εἰρημένοις. ἐν γὰρ τοῖς τοπικωτέροις ἀκριβῶς πάντα δεδήλωται ἡμῖν.*

Τῆς οὖν ταχείας κινήσεως αἰτίας οὔσης τοῦ τὸν φθόγγον ὀξὺν ἀποτελεῖσθαι, τῆς δὲ βραδείας βαρύν, συμ-
80 *φανές, ὅτι ὁ ὀξὺς φθόγγος ἀπὸ τοῦ βαρυτέρου διάστημα ἀφέστηκεν, καὶ ἡ διαφορὰ τοῦ ὀξυτέρου παρὰ τὸν βαρύτερον φθόγγον καὶ τοῦ βαρυτέρου παρὰ τὸν ὀξύτερον καλεῖται διάστημα. ἐπεὶ δ' οὐ πᾶς ὀξὺς φθόγγος καὶ βαρὺς κατὰ τὸ αὐτὸ κρουόμενοι σύμφωνον ἀποτελοῦσιν, ἀλλ' οἱ*
85 *μὲν αὐτῶν ἔχουσι τὸν ἕτερον ἐπικρατοῦντα, ὥστε καὶ τὴν ἀκοὴν ἀντιλαμβάνεσθαι τοῦ τ' ἀσυμφώνου κράματος καὶ τοῦ συμφώνου, διόπερ ἡμῖν ἡ διαφορὰ τοῦ ὀξυτέρου φθόγγου παρὰ τὸν βαρύτερον διάστημα καλεῖται. καὶ οὕτως ὁρίζεται τὸ διάστημα δυεῖν φθόγγων ἀνομοίων ὀξύτητι*
90 *καὶ βαρύτητι διαφέρον. καὶ οὐ πάντως τὸ διάστημα καὶ συμφωνίαν ἔχει. δυνατὸν δέ γε διάστημά τι ἅμα καὶ σύμφωνον εἶναι, ὥστ' εἰ μέν τί ἐστι σύμφωνον, τοῦτο καὶ διάστημα περιέχει, εἰ δέ τί ἐστι διάστημα, οὐ πάντως ἐστὶ σύμφωνον. συμφωνία δ' ἐστὶ δυεῖν φθόγγων ὀξύτητι καὶ*
95 *βαρύτητι διαφερόντων κατὰ τὸ αὐτὸ πτῶσις καὶ κρᾶσις.*

71 *ἰσομήκων* m **72** *παχέων*] *ταχέων* T **79** *βαρύν*] *βραδύν* g **80** *ὁ* om. Tp **85** *ἀποκρατοῦντα* T **92** *μέν τί*] *μέντοι* p *δεῖ γὰρ τοὺς φθόγγους συγκρουσθέντας ἕν τι ἕτερον εἶδος φθόγγου ἀποτελεῖν παρ' ἐκείνους, ἐξ ὧν φθόγγων ἡ συμφωνία γέγονεν. ὥσπερ γὰρ εἴ τις βούλοιτο οἰνόμελι ποιῆσαι ποσόν τι μέλιτος λαβὼν καὶ ποσὸν οἴνου, ὅταν οὕτω κεράσῃ, ὥστε μὴ ἐπικρατεῖν τὸν οἶνον μήτε τὸ μέλι, ἀλλά* 100 *τινι συμμετρίᾳ κραθῇ, τρίτον τι γίνεται κρᾶμα, ὃ μήτε οἶνος μήτε μέλι ἐστίν· οὕτως ὅταν ὀξὺς καὶ βαρὺς φθόγγος κρουσθέντες ἕν τι τῇ ἀκοῇ παρασχῶσι κρᾶμα μὴ δ' ἑτέρου τῶν φθόγγων τὴν ἰδίαν παρεμφαίνοντος δύναμιν, ἀλλὰ τρίτον ἐξηχῇ τῇ ἀκοῇ παρὰ τὸν βαρὺν καὶ τὸν ὀξὺν* 105 *φθόγγον, τότε καλεῖται σύμφωνον. ἐὰν δ' ἡ ἀκοὴ τοῦ βαρέος μᾶλλον ἀντίληψιν ποιῆται ἢ πάλιν τοῦ ὀξέος, ἀσύμφωνόν ἐστι τὸ τοιοῦτο διάστημα.' ταῦτα μὲν οὖν παρ' Αἰλιανοῦ.*

25b. Porph. in Harm. 36–37 Düring *Ἐπεὶ δὲ τὰς* 110 *συμφωνίας ἐν λόγοις ἀριθμητικοῖς ἐτίθεντο οἱ Πυθαγόρειοι, οἷον ἐπιτρίτοις ἢ ἡμιολίοις ἢ διπλασίοις καὶ ἄλλοις τοιούτοις, ὡς ἐν τῷ περὶ τῶν συμφωνιῶν ἀκριβώσομεν λόγῳ, ἐξηγούμενος, πῶς ἂν μετρηθείη ἡ κίνησις ἡ ποιοῦσα τὸν ὀξὺν ἢ τὸν βαρὺν φθόγγον, γράφει οὕτως·* 115

''Ἐπεὶ δ' ἀπεδείξαμεν, ὅτι ἡ ταχεῖα κίνησις ὀξὺν ἀποτελεῖ φθόγγον, ἡ δὲ βραδεῖα βαρύν, συμφανές, ὅτι ἡ κίνησις ἢ τὸ τάχος τῆς κινήσεως, ⟨ἀφ' ἧς⟩ ὁ ὀξὺς φθόγγος γίνεται, πρὸς τὴν κίνησιν ἢ τὸ τάχος τῆς κινήσεως ἀφ' ἧς ὁ βαρὺς γίνεται φθόγγος ἐν ἐπιτρίτῳ ἐστὶ λόγῳ. χάριν μέντοι 120 *τοῦ μηδὲν παραλελεῖφθαι καὶ τοῦτο σαφηνείας τεύξεται, πῶς λέγεται τάχος κινήσεως πρὸς ἑτέρου τάχος ἐπίτριτον*

101 *τι* om. g **102** *ὅταν*] *ἂν* T **112** *ἢ ... ἄλλοις* om. Mg **116–117** *ὀξὺν ... κίνησις* om. T **118** *ἀφ' ἧς* add. Wallis

εἶναι ἢ διπλάσιον ἢ οἷον δήποτε λόγον ἔχειν. εἰ γὰρ δύο
εἴη τὰ κινούμενα ἀνίσως καὶ τὸ ἕτερον αὐτῶν ἐν ταὐτῷ
125 *χρόνῳ τοῦ ἑτέρου διπλασίονι τάχει χρῷτο, ἔσται τὸ ὑπὸ*
τοῦ θᾶττον κινουμένου διπλάσιον ἠνυσμένον διάστημα τοῦ
ἑτέρου, ὥστε τὸ μὲν εἶναι φέρε εἰπεῖν ἠνυσμένον διάστημα
ὑπὸ τοῦ τάχιον κινουμένου πηχῶν δέκα, τὸ δ' ἕτερον πη-
χῶν πέντε, οὕτω λέγεται διπλασίονι τάχει κεχρῆσθαι. καὶ
130 *ἄλλως δὲ νοεῖν πάρεστι τὸ ἐξηγητικὸν τῆς τῶν ταχῶν συγ-*
κρίσεως. φέρε γὰρ τὸ αὐτὸ διάστημα, οἷον δεκαστάδιον,
ὑπὸ μὲν τοῦ τάχιον κινουμένου ἐν ὥραις δυσὶ δείκνυσθαι,
ὑπὸ δὲ τοῦ βράδιον ἐν ὥραις τετράσιν, ὃν λόγον ἔχει ὁ
χρόνος, ἐν ᾧ τὸ βραδέως κινούμενον διήνυσε τὰ δέκα στά-
135 *δια, πρὸς τὸν χρόνον, ἐν ᾧ τὸ ταχέως κινούμενον διήνυσε*
τὸ αὐτὸ διάστημα, τουτέστιν αἱ τέσσαρες ὧραι πρὸς τὰς
δύο, τοῦτον ἕξει τὸν λόγον ὑπεναντίως τὸ τάχος τῆς κινή-
σεως τοῦ θᾶττον κινουμένου πρὸς τὸ τάχος τῆς κινήσεως
τοῦ βραδέως κινουμένου. ἐπεὶ δ' οἵ τε χρόνοι τῆς τῶν συ-
140 *νεχῶν φύσεώς εἰσιν καὶ τὰ διανυόμενα ὑπὸ τῶν κινουμέ-*
νων διαστημάτων, τουτέστι τὰ μεγέθη καὶ τὰ αὐτὰ τῶν
συνεχῶν, ἔστι δῆλον, ὅτι οἵ τε χρόνοι ἀλλήλοις συγκρινό-
μενοι ὁμογενεῖς εἰσι καὶ τὰ ἠνυσμένα διαστήματα ὁμογενῆ,
οἷον εὐθεῖαί τε πρὸς εὐθείας καὶ κύκλων περιφέρειαι πρὸς
145 *περιφερείας. εἰς ἄπειρον δ' οὔσης τῆς τομῆς τῶν συνεχῶν*
ἃ μέν εἰσι σύμμετρα, ἃ δ' ἀσύμμετρα καὶ τὰ μὲν σύμμε-
τρα διὰ λόγου ἀριθμῶν θεωρεῖται, τὰ δ' ἀσύμμετρα οὐκ
ἔστιν ἐν λόγοις ἀριθμῶν. τὸ δ' αὐτὸ καὶ ἐπὶ τῶν ταχῶν
χρὴ νοεῖν καὶ ὅτι καὶ ἐν τούτοις τὰ μέν ἐστι σύμμετρα, τὰ
150 *δ' οὔ. καὶ ὅπου μὲν ἡ τῶν ταχῶν σύγκρισις ἐν συμμετρίᾳ*

130–131 *συγκρίσεως*] *κινήσεως* g **132** *δείκνυσθαι*] *διηνῦσθαι* T **134–135** *τὰ ... διήνυσε* om. T **139** *οἵ τε* om. g **144** *κύκλων*] *κύκλῳ* MG **146** *ἃ μέν εἰσι σύμμετρα* om. T

θεωρεῖται, λόγον ἔχει τὰ τάχη πρὸς ἄλληλα, ὃν ἀριθμὸς πρὸς ἀριθμόν.'

25c. PORPH. in Harm. 96 Düring *Αἰλιανὸς δ' ὁ Πλατωνικὸς Εἰς τὸν Τίμαιον γράφων κατὰ λέξιν λέγει ταῦτα. 'Συμφωνία δ' ἐστὶν δυεῖν φθόγγων ὀξύτητι καὶ βαρύτητι* 155 *διαφερόντων κατὰ τὸ αὐτὸ πτῶσις καὶ κρᾶσις. τῶν δὲ συμφωνιῶν ἓξ τὸν ἀριθμὸν οὐσῶν ἁπλᾶς μὲν ἐκάλουν οἱ παλαιοὶ τήν τε διὰ τεσσάρων καὶ διὰ πέντε, συνθέτους δὲ τὰς λοιπάς. ἁπλαῖ δὲ λέγονται, ὅτι αἱ μὲν ἄλλαι ἐκ συμφωνιῶν καθεστήκασιν, αὗται δ' οὔ.'* 160

26. PORPH. in Harm. 91 Düring *ἀπὸ δὴ τούτου κινηθέντες τινὲς τῶν μετ' αὐτὸν διάστημα ἐκάλεσαν εἶναι ὑπεροχήν, ὡς Αἰλιανὸς ὁ Πλατωνικός.*

27. PORPH. in Harm. 96 *συλλαβὴν δ' ἐκάλουν οἱ Πυθαγόρειοι τὴν διὰ τεσσάρων συμφωνίαν, ὡς Αἰλιανός φησιν, ὅτι πρώτη ἐστὶ συμφωνία συλλαβῆς τάξιν ἔχουσα.*

Fragmenta incertae sedis

28. SUDA *δ* 1093 *ὅτι τὴν δίκην φασὶν οἱ παλαιοὶ εὐθεῖάν τε εἶναι καὶ ἀκλινῆ καὶ ἄτρεπτον. καὶ τοῦτο ᾄδουσι μὲν πλεῖστοι, ἤδη δὲ καὶ ἀνάγκη· φύσιν γὰρ δήπου τὸ δίκαιον τοιαύτην εἴληχεν. Ἡσίοδος δὲ αὐτὴν λέγει καὶ παρθένον καὶ ἀδιάφορον τῇ τε ἄλλῃ καὶ μέντοι καὶ ὑπ' εὐνῆς* 5

26 1–3 cp. Philolaus test. 25 (D–K 44 T 25)
28 4–6 Hes. OD 256

26 2 *μετ' αὐτῶν* p **27** 3 *τάξιν* Wallis *τάσιν* codd.
28 5 *καὶ* alt. om. VM

ἀφροδισίου, αἰνιττόμενος ὅτι μὴ χρὴ δολοῦν τὸ δίκαιον, μήτε ἄλλως πεισθέντα μήτε λέχει παρατραπέντα. φησὶ δὲ καὶ μετιέναι αὐτὴν τιμωρουμένην τούτους, οἷσπερ οὖν ὕβρις

10 μέμηλε κακὴ καὶ σχέτλια ἔργα.

τοῖς γε μὴν ἐκείνην σέβουσι τήν τε γῆν καὶ τὰ οἰκεῖα βρύειν φησὶν ἀγαθὰ καὶ τὴν θάλατταν χορηγεῖν ὅσα τίκτει καὶ τρέφει μάλ' ἀφθόνως. ἀκούω δὲ αὐτὴν καὶ παρ' αὐτοῦ Διὸς καθῆσθαι θρόνῳ καὶ κοινωνὸν τῶν ἀρίστων βουλευ-15 μάτων εἶναι· καὶ Ὅμηρος δὲ μέγα αὐτῆς τὸ κράτος ὑμνεῖ, καὶ λέγει τοῖς ἀτιμάζουσιν αὐτὴν μηνίειν τὸν θεὸν καὶ λάβρους καταντλεῖν ὑετοὺς αὐτὴν καὶ χειμάρρους ἐπ' αὐτοὺς ὠθεῖσθαι καὶ ἀφανίζειν πόλεις αὐτῶν καὶ ἔργα καὶ ποίμνας. καὶ ταύτῃ κολάζεσθαι τῇ τιμωρίᾳ ὕβρεως καὶ ἀτα-20 σθαλίας ἔργα ὑπομένοντας πρεπωδέστερα καὶ ἕτερα ἄττα.

29. SUDA σ1802 ἐγὼ δὲ ταῦτα περιῆλθον, οὔτι που σχολὴν ἄγων τὰ τῶν προστυχόντων κακὰ τοῖς ἐμαυτοῦ λόγοις τιμᾶν, ἀλλ' ὑπὲρ τοῦ μὴ πράττειν ἄλλους παραπλήσια.

30. SUDA ϑ472 οὐ γὰρ δεῦρο ἀφῖγμαι ἐς τράπεζαν κεκυφέναι καὶ θρέμματος ἀλόγου δίκην πιαίνεσθαι, καὶ ἀρ-

10 Hes. OD 238

6 ὅτι om. FV **11** καὶ del. Bas He **13** παρ' αὐτοῦ] παρὰ τοῦ FV **14** κοινῶν A **17** αὐτὴν] αὐτῶν Kühn **18–19** ποίμνας] πρύμνας V **29 2** τῶν om. A **30 1** γὰρ] δὴ add. F ἐς om. F

χῶν τε καὶ τιμῶν κρέμασθαι καὶ θαυμάζειν αὐλὰς καὶ τραπέζας καὶ σατράπας, οὐδέ μοι κάλλος ἀνθρώπινον δέλεάρ ἐστιν, οὐδὲ χρηματίζομαι. 5

31. SUDA α 4394 *δίκη γὰρ πάντα ἐφορῶσα ἄγρυπνός ἐστι φύσει, καὶ θεία καὶ ἄτρυτος.*

32. SUDA ν 116 *παίδων νεαρώτεροι οἱ λέγοντες μὴ ἐφορᾶν τὰ τῆδε τὸ θεῖον.*

33. SUDA υ 386 *ὅτι τὰ ἀνθρώπεια τὸ θεῖον ἢ ὑπερφρονεῖ ἢ ἀτιμάζει ἢ πρόνοιαν αὐτοῖς ἔφορον οὐκ ἐφίστησι.*

34. SUDA α 1398 *ὑπὲρ δὴ τούτων τί φατε οἱ τὴν πρόνοιαν ἀλᾶσθαι ἄλλως, καὶ μῦθον εἶναι λέγοντες;*

35. SUDA ε 1581 *πρὸς ταῦτα τί λέγουσιν οἱ τὴν πρόνοιαν ἐξαίροντες;*

36. SUDA ε 2916 *ὦ Ξενοφάνεις καὶ Διαγόραι καὶ Ἵππωνες, Ἐπίκουροι καὶ πᾶς ὁ λοιπὸς τῶν κακοδαιμόνων τε καὶ θεοῖς ἐχθρῶν, ἔρρεσθε.*

37. SUDA αι 211 *τῶν μέν τινες αἱμύλων καὶ κομψῶν οἰήσονταί με παίζειν.*

3 *τιμῶν*] *τῶν μικρῶν* F *ἐκκρεμᾶσθαι* Bern 4 *ἀνθρώπων* I 5 *ἔνεστιν* I **31** 2 *φύσει*] *φύσις* FV **33** 1 *ἀνθρώπινα* G **34** 2 *καὶ μῦθον ἄλλως* He **36** 2 *καὶ Ἐπίκουροι* Bas *λοιπὸς*] *ὄχλος* add. Bas *κατάλογος* He *χορός* post *ἐχθρῶν* Bern 3 *ἔρρετε* Bekk **37** 2 *ὀγήσονται* M

Περὶ Ὤχου τοῦ Πέρσου

38a. Suda α 4127 *τὸν ἐν Μένδῃ τράγον Πανὸς ἱερὸν κατέθυσέ τε καὶ σκευάσας ποικίλως ταύτην ὁ δυστυχὴς ἄρα τὴν δαῖτα ἄσατο, Αἰγυπτίων τε λεὼν πάμπολυν ἀποσπάσας γαμετῶν καὶ τέκνων εἰς Πέρσας ἤγαγεν ἀνοίκτως.*

5 **38b.** Suda ε 1982 *ὁ δὲ εἰς Πέρσας ἤγαγεν αὐτούς κακὴν δουλείαν ἐπαρτήσας αὐτοῖς.*

39a. Suda ε 1638 *ὁ δὲ ἐξέπλευσε τῶν φρενῶν πολλὰ εἰς τὸ ἄγαλμα παρῴνησεν.*

39b. Suda ξ 34 *ὡς εἶδεν ἄγαλμα ξενικὸν καὶ ἱερουργίαν οὐκ ἐπιχώριον εἰς τὸ τιμώμενον παρῴνησεν.*

40a. Suda α 3201 *Ὦχος τὸν Ἄπιν ἀποκτείνας ἐβούλετο αὐτὸν τοῖς μαγείροις παραβαλεῖν, ἵνα αὐτὸν κρεουργήσωσι καὶ παρασκευάσωσιν ἐπὶ δεῖπνον.*

40b. Suda ε 1211 *τῶν δὲ συνήθων τις αὐτῷ ἐνέβη τῷ*
5 *ποδὶ λακτίσας κείμενον τὸν ταῦρον. καὶ ἀκούω τὸν πόδα ἐκεῖνον εἰς οἴδημα ἀρθῆναι καὶ φλεγμήναντα σφακελίσαι.*

40c. Suda μ 1154 *φυλάττεσθαί τε ἔτι μνημεῖον τῆς τιμωρίας τῆς ἐκείνου, καθάπερ οὖν κακοῦ διαδοχήν.*

40d. Suda δ 1225 *ὅσοι γὰρ ἐκ τῆς αὐτῆς σπορᾶς γεγό-*
10 *νασι, κάτω τὸν πόδα τὸν δεξιὸν ἔχουσι διῳδηκότα καὶ βάδισιν ἀσθενῆ τε καὶ νωθῆ.*

38 5 *Πέρσας* FV *πέρας* cett. **39** 1 *δὲ*] *ἐπεὶ* vel simil. add. Bern *καὶ πολλὰ* Chalc **40** 2 *κρεουγήσουσι* V 3 *παρασκευάζουσιν* V *δείπνῳ* AF 6 *εἰς*] *ὡς* V 7 *τε*] *τις* G

41. SUDA ε2870 *ὁ δὲ ὑπερβαίνων τὸν οὐδὸν τῆς αὐλῆς ἔπταισε βιαιότερον καὶ πρὸς γῆν κατηνέχθη.*

Περὶ τῶν Ἐπικουρείων

42a. SUDA ε2405 *οὗτος τὸ θεῖον παρ' οὐδὲν ἐτίθετο· ἀδελφοὶ δὲ ἦσαν τρεῖς, ⟨οἳ⟩ μυρίοις ἀρρωστήμασι περιπλακέντες ἀπέθανον οἴκτιστα. ὅγε μὴν Ἐπίκουρος ἔτι νέος ὢν αὐτὸς οὐ ῥᾳδίως ἀπὸ τῆς κλίνης οἷός τε ἦν κατιέναι, ἀμβλυώττων τε καὶ πρὸς τὴν τοῦ ἡλίου αἴγλην δειλὸς ὢν καὶ* 5 *τῷ φαιδροτάτῳ τε καὶ ἐναργεστάτῳ τῶν θεῶν ἀπεχθανόμενος. καὶ μέντοι καὶ τὴν τοῦ πυρὸς αὐγὴν ἀπεστρέφετο αἷμά τε αὐτῷ διὰ τῶν πόρων ἀπεκρίνετο τῶν κάτω, τοσαύτη δὲ ἄρα ἡ σύντηξις ἡ τοῦ σώματος ἦν, ὡς ἀδυνατεῖν καὶ τὴν τῶν ἱματίων φέρειν ἐπιβολήν. καὶ Μη-* 10 *τρόδωρος δὲ καὶ Πολύαινος, ἄμφω τὼ ἑταίρω αὐτοῦ, κάκιστα ἀνθρώπων ἀπέθανον· καὶ μέντοι τῆς ἀθείας ἠνέγκαντο μισθὸν οὐδαμὰ οὐδαμῇ μεμπτόν. οὕτω δὲ ἄρα ἦν ἡδονῆς ἥττων ὁ Ἐπίκουρος, ὥστε διὰ τῶν ἐσχάτων ἐν ταῖς*

42 8–10 cp. Suda σ1637 **10** *ἱματίων ἐπιβολήν* cp. Thuc. 2.49 **12–13** cp. Suda ο773 **13–18** cp. Suda η630

42 1 *παρ' οὐδὲν ἐτίθετο* A *ἐτίθετο παρ' οὐδὲν* cett. **2** *τρεῖς ἦσαν* A *ἦσαν τρεῖς* cett. *οἳ* suppl. Kust **5** *ἡλίου*] *ἰδίου* A **8** *πόρων* … *κάτω* A *κάτω πόρων ἀπεκρίνετο* cett. **9** *τοσαῦτα* A e corr. *σύνταξις* V et e Suda σ1637 F *ἦν*] *αὐτῷ* add. Suda σ1637 **9–10** *ἀδυνατεῖν*] *ἀδύνατον εἶναι* Suda σ1637 **12** *ἀνθρώπων* om. V *ἀπέθανεν* A *καὶ μέντοι*] *καὶ* add. He *ἀθείας*] e Suda ο773 *ἀθρίας* S *ἀσεβείας* G **12–13** *ἠνέγκαντο*] *Ἐπίκουρος ἠνέγκατο* Suda ο773 **13** *οὐδαμὰ* ex A *ἄρα* om. Suda η630 **14** *ὁ Ἐπίκουρος* post *ἦν* transp. et *ὁ* om. Suda η630 *ὥστε*] *ὡς* e Suda η630

15 *διαθήκαις αὐτοῦ ἔγραψε τῷ μὲν πατρὶ καὶ τῇ μητρὶ καὶ τοῖς ἀδελφοῖς ἐναγίζειν ἅπαξ τοῦ ἔτους καὶ Μητροδώρῳ δὲ καὶ Πολυαίνῳ τοῖς προειρημένοις, ἑαυτῷ δὲ δισσῶς εἰπεῖν, τῆς ἀσωτίας τὸ πλέον προτιμῶν καὶ ἐνταῦθα ὁ σοφός· καὶ τραπέζας λίθων πεποίηται, καὶ ὡς ἀναθήματα*
20 *ἐν τῷ τάφῳ προσέταξε τεθῆναι ὁ προτένθης τε καὶ ὀψοφάγος οὗτος. καὶ ταῦτα ἐπέσκηψεν οὐκ ὢν ἐν περιουσίᾳ, λυττῶν οὖν ταῖς ἐπιθυμίαις, ὥσπερ οὖν καὶ ἐκείνων σὺν αὐτῷ τεθνηξομένων. ἐξήλασαν δὲ τοὺς Ἐπικουρείους τῆς Ῥώμης δόγματι τῆς βουλῆς κοινῷ. καὶ Μεσσήνιοι δὲ*
25 *ἐν Ἀρκαδίᾳ τοὺς ἐκ τῆς αὐτῆς οἱονεὶ φάτνης ἐδηδοκότας ἐξήλασαν λυμεῶνας μὲν εἶναι τῶν νέων λέγοντες, κηλῖδα μὲν φιλοσοφίᾳ προσβάλλοντες διά τε μαλακίαν καὶ ἀθεότητα. καὶ προσέταξάν γε πρὸ τῶν τοῦ ἡλίου δυσμῶν ἔξω τῶν ὅρων τῆς Μεσσηνίας γῆς εἶναι αὐτούς, ἐκφρησθέντων*
30 *δὲ τοὺς ἱερέας καθῆραι τὰ ἱερά, τούς γε μὴν τιμούχους*

20–21 cp. Suda *π* 2870 et Scholia in Nubes 1198 b **24–26** cp. Suda *φ* 132 **29–30** cp. Suda *ε* 715

15 *αὐτοῦ* e Suda *η* 630 **15–16** *καὶ* ... *ἀδελφοῖς* om. Suda *η* 630 **16–17** *καὶ Μητροδώρῳ* ... *προειρημένοις* om. Suda *η* 630 **16** *Μητροδώρῳ*] *δὲ* add. V et *τοῖς προειρημένοις* om. **17–18** *εἰπεῖν* om. Suda *η* 630 **19** *λίθων* Kust *λίθους* mss. *διαλίθους* Bern *πεποίηται* A *πεποιῆσθαι* GIVM *καὶ* om. V **20** *ἐν* A *τε ἐν* GIVM *προσέταξε* om. V *προτένθης*] *τένθης* Scholia anon. rec. in Ar. Nubes 1198 b Koster *τε* om. V et Suda *π* 2870 et Scholia in Nubes 1198 b Koster **22** *οὖν*] *δὲ* Dr *ὥσπερ*] *ἦν ὥσπερ* Chalc **24** *Μεσσήνιοι*] *οἱ* ins. Suda *φ* 132 **25** *ἐν Ἀρκαδίᾳ* om. Suda *φ* 132 *φάτνης οἱονεὶ* e Suda *φ* 132 **26** *λυμεῶνας* A *λυμεῶνες* GIM *μὲν* om. Suda *φ* 132 *τῶν νέων εἶναι* e Suda *φ* 132 *λέγοντας* A **27** *μὲν*] *δὲ* Chalc *προσβάλλοντας* Chalc **28** *γε* ex A **29** *ἐκβληθέντων* GIV

(καλοῦσι δὲ ταύτῃ τοὺς ἄρχοντας Μεσσήνιοι) καὶ τὴν πόλιν καθῆραι πᾶσαν, οἷα δήπου λυμάτων τινῶν καὶ καθαρμάτων ἀπηλλαγμένην.
ὅτι ἐν Κρήτῃ Λύκτιοι τῶν Ἐπικουρείων τινὰς ἐκεῖ παραβάλλοντας ἐξήλασαν. καὶ νόμος ἐγράφη τῇ ἐπιχωρίῳ 35 *φωνῇ, τοὺς τὴν θήλειαν σοφίαν καὶ ἀγεννῆ καὶ αἰσχρὰν ἐπινοήσαντας καὶ μέντοι τοῖς θεοῖς πολεμίους ἐκκεκηρῦχθαι τῆς Λύκτου· ἐὰν δέ τις ἀφίκηται θρασυνόμενος καὶ τὰ ἐκ τοῦ νόμου παρ' οὐδὲν ποιήσηται, δεδέσθω ἐν κύφωνι πρὸς τῷ ἀρχείῳ ἡμερῶν εἴκοσιν, ἐπιρρεόμενος μέλιτι γυ-* 40 *μνὸς καὶ γάλακτι, ἵνα ᾖ μελίτταις καὶ μυίαις δεῖπνον καὶ ἀναλώσωσι χρόνῳ τῷ προειρημένῳ αὐτούς. τούτου γε μὴν διελθόντος, ἐὰν ἔτι περιῇ, κατὰ κρημνοῦ ὠθείσθω στολὴν γυναικείαν περιβληθείς.*

42b. Suda ε2548 *ὁ τῶν τριῶν ἐκείνων τῶν ἐπιρρήτων* 45 *εἷς. ζῶν δὲ παρῄει εἰς οὐδὲν ἱερόν· ἤλαυνον γὰρ ὡς ἐπάρατον καὶ ἐπίρρητον.*

43a. Suda σ1330 *ὁ δὲ ἐσυκοφάντει τὸν θεὸν ὀλιγωρίας. ἐκ δὴ τούτων νόσοι καὶ τροφῶν ἀπορίαι τὴν Ἱμεραίων κατέσχον.*

43b. Suda τ634 *οἵγε μὲν Ἱμεραῖοι τὸν Φιλόδημον τιμῶνται πρὸς τῇ δημεύσει καὶ φυγῆς ζημίᾳ.* 5

38–44 cp. Suda κ2800 **43 1–3** cp. Suda ι346

34–35 *παραβαλόντας* He **39** *ποιήσεται* AM **40–41** *γυμνὸς* delendum censuit He **41** *γάλακτος* e Suda κ2800 A *μύαις* A **42** *ἀναλώσεως* A *αὐτόν* Kust **43** *κατὰ*] *καὶ* e Suda κ2800 A *κρημνίου* A **46–47** *ἐπάρατον*] *ἀπέρατον* V **43 3** *Ἱμεραίαν* Suda ι346 **4** *οἵ τε* AFV **4–5** *τῷ Φιλόδ τιμῶνται* A *τῷ Φιλοδημῶνται* F

44a. Suda ε 126 *ὁ δὲ Νικάνωρ πολλάκις ἐνόσησε, καὶ ἀνέρρωσεν αὐτὸν ὁ θεός. ἐπεὶ δὲ ἐγκρατὴς ἐγένετο ἑαυτοῦ καὶ τῆς ὑγιείας, τοῦ σωτῆρος οὐδεμίαν ὤραν ἐτίθετο. ἔλεγε δὲ ὁ λεωργὸς τῶν φθανουσῶν ἰάσεων τύχῃ μᾶλλον ἢ*
5 *βουλήσει θεοῦ ἐγκρατὴς γεγονέναι.*

44b. Suda α 905 *ἐν ἀκμῇ δὲ ὢν τῆς τε ὀδύνης καὶ ὧν ἤλγει, οὐκ ᾔδει τὴν ὁδὸν τὴν προεύουσαν εἰς αὐτοῦ. εἰ δέ τινι καὶ θῦσαι ἐξ ἐνυπνίου ἐκελεύετο, καὶ τούτων ὀλίγωρος ἦν φύσει τε ἀμαθὴς ὢν καὶ φιλοχρήματος.*

10 **44c.** Suda οι 3 *ἐπεὶ δὲ ἦν οἱ τὸ κακὸν τέχνης κρεῖττον καὶ μέντοι καὶ ἐπικουρίας τῆς ἐκ θνητῶν συμμάχων δυνατώτερον,*

44d. Suda ρ 124 *καὶ ῥήγνυσι φωνὴν ἱκέτιν ἐξ αὐτῆς ἐκβιασθεὶς τῆς ὀδύνης,*

15 **44e.** Suda υ 470 *καλεῖ τε Ἀπόλλωνα ὑπὸ πολλοῖς τοῖς δακρύοις.*

44f. Suda β 487 *ὁ δὲ Ἀπόλλων κελεύει τὸν μὲν ἀποδόσθαι τῷ Νικάνορι φάκελλον βύβλου τετρακοσίων χρυσῶν· ἐὰν δὲ μὴ ἐθέλῃ, ἀεὶ προσεπιτιμᾶν καὶ ἐπαιτεῖν τοῦ χρυ-*
20 *σίου προστιθέντα, ἕως ἂν ἀπειπὼν δῷ ὅσον ἂν αἰτηθεὶς τύχῃ τῇ ἐπὶ πάσαις φωνῇ.*

44 1–2 cp. Suda α 2315 **10–12** fort. Appianus cp. fr. 8

44 1 *Νικάνωρ* e Suda α 2315 *ἐνόησε* V **1–2** *πολλάκις* post *καὶ* et *ἀνέρρωσεν αὐτὸν* post *ὁ θεός* trans. Suda α 2315 **2** *γένοιτο* He **4** *δὲ* om. M **7** *εἰ*] *εἰς* A **8** *τινι*] *τινα* He **10** *κρεῖττον τέχνης* V **15** *καλεῖ τε*] *καλεῖται* G *τοῖς* om. A **17–18** *ἀποδεδόσθαι* GIM **18, 23** *φάκελον* He

44g. Suda φ 26 *ὁ δὲ Ἀπόλλων κελεύει ἀποδόσθαι τῷ Νικάνορι φάκελλον βύβλου τετρακοσίων χρυσῶν καὶ τέφραν ἐργάσασθαι καὶ βρέξαντα τῷ τῆς Μαρείας λίμνης ὕδατι ἐπιπλάσαι τοὺς ὀφθαλμούς.* 25

44h. Suda ο 567 *ὁ δὲ ἤκουσε τοῦ θεοῦ ὀρθαῖς ἀκοαῖς.*

45. Suda β 303 *ὁ δὲ ἀνέβλεψέ τε καὶ ἔφη ὅτι βιώσιμος εἴη.*

46a. Suda λ 633 *ἀνὴρ λίχνον ὄμμα καὶ ἀσελγὲς πιαίνων κακῇ ἑστιάσει τὰ τῆς Φερεκράττης ὄργια ἐδίψησε θεάσασθαι ἀτέλεστος ὤν.*

46b. Suda α 4335 *μυστηρίων τελουμένων τοῖν Θεοῖν, ἀτέλεστος μὲν ἀνθρώποις, ἀνόσιος δὲ οὐκ ἐβουλήθη μυηθῆναι κατὰ τοὺς νόμους, ἀλλὰ δοῦναι πολυπραγμοσύνης δυστυχοῦς ἀρρωστήματι χάριν. καὶ ἐπί τινος ἀνελθὼν λίθου ἑώρα τὰ γινόμενα· ἐκ γάρ τοι τοῦ λίθου κατώλισθε καὶ βιαίᾳ τῇ πληγῇ περιπεσὼν ἀπέθανεν.* 5

46c. Suda ι 699 *οὐ γάρ τί που παραπλήσιον ἢ μυστηρίων ἱστορίαν ἢ τὴν Περσεφόνην ἐθελῆσαι ἁρπάσαι αὐτήν;* 10

47a. Suda θ 272 *ὅτι Βάττος ὁ Κυρήνην κτίσας τῆς Θεσμοφόρου τὰ μυστήρια ἐγλίχετο μαθεῖν καὶ προσῆγε βίαν λίχνοις ὀφθαλμοῖς χαριζόμενος.*

46 1–3 cp. Suda π 1560

23 *βίβλου* A *βύβλον* F **24** *καὶ βρέξαντα*] *βρέξαντες* V *βρέξας αὐτ(ῷ)* A *τῷ*] *τὸ* GF *Μαρίας* AVM ante corr. *Καρείας* F *λίμνης*] *ὕλης* G **46** 2 *Φερεκράτης* A ante corr. G ante corr. M *Φερεφράττης* e Suda π 1560 *Φερρεφράττης* Bern 5 *ἄνθρωπος* FV **47** 3 *λύχνοις* V

47b. Suda α 4329 *καὶ τὰ μὲν πρῶτα ἱέρειαι ἐπειρῶντο*
5 *αὐτὸν πραΰνειν καὶ ἀντέχειν τῆς ὁρμῆς. βιαίως δὲ καὶ ἀτέγκτως διακειμένου, τῶν μὲν ἀπορρήτων καὶ ἃ μὴ ἰδεῖν λῷον ἦν, τούτων οὐκ ἐκοινώνουν οἱ· τῶν δὲ πρώτων καὶ ἐξ ὧν οὔτε τοῖς θεασαμένοις οὔτε τοῖς δείξασιν ἔμελλέ τι ἀπαντήσεσθαι δεινόν, παρεῖχόν οἱ βλέπειν ταῦτα.*

10 **47c.** Suda σ 1714 *μετὰ τῆς ἱερᾶς στολῆς ὅλαι τελούμεναι μυστικῶς σφάκτριαι καταλειφθεῖσαι καὶ αἴρουσαι τὰ ξίφη γυμνά, καὶ αὗται, καταπλέας ἔχουσαι τοῦ αἵματος τὰς χεῖρας καὶ τὰ πρόσωπα μέντοι, ἦσαν δὲ ἐκ τῶν ἱερείων χρισάμεναι, ἀθρόαι ὑφ' ἑνὶ συνθήματι ἐπὶ τὸν Βάτ-*
15 *τον ᾖξαν, ἵνα αὐτὸν ἀφέλωνται τοῦ ἔτι εἶναι ἄνδρα.*

48a. Suda ε 1678 *ὁ δὲ παρὰ τοὺς ἀτελέστους καὶ βεβήλους ἐξεφοίτα τὰ τῶν Σαμοθρᾴκων ὄργια· ὃς φωραθεὶς ἀπέδρα πρὸς τοὺς Κυζικηνούς.*

48b. Suda α 1853 *καὶ οἱ Σαμόθρᾳκες κηρύττουσι*
5 *κήρυγμα, τὸν ζῶντα ἀγαγόντα αὐτὸν δύο τάλαντα ἔχειν.*

49a. Suda δ 1345 *Δόλων. οὕτω καλεῖται ὁ παρὰ τοῖς Κυζικηνοῖς τὴν Ἄρτεμιν θεραπεύων γυναικεῖος θίασος.*

49b. Suda θ 162 *καὶ Κυζικηνῶν θυγατέρας τὴν ὥραν διαπρεπεῖς τῇ Δαρείου θυγατρὶ Ἀρσάμῃ ξένια ἀποστεῖλαι*

47 14–15 cp. Suda σ 1590

4 *ἱέρειαι*] *αἱ* ins. He **7** *πρώτων*] *ὁρατῶν* Bern **11** *καταληφθεῖσαι* G *καὶ ἀλειφθεῖσαι* Bern **13** *ἦσαν δὲ* del. Kust *δὲ* del. Bern **14** *χρησάμεναι* GFVM **15** *αὐτῶν* F *τοῦ*] *τὸ* e Suda σ 1590 **48 2** *Σαμοθραιῶν*

ἐγλίχετο. αἳ δὲ καταφεύγουσιν ἐπὶ τὴν Ἄρτεμιν θεοκλυτοῦσαι καὶ τοῦ ἀγάλματος ἐκκρεμάμεναι, 5

49c. SUDA α 3544 *βαρβάρου πικρῶς ἐγκειμένου· καὶ τῶν δορυφόρων ἀποσπώντων, κἀκείνων ἀπρὶξ ἐχομένων, διασπᾶται ὁ κατὰ τοῦ τραχήλου ὅρμος.*

49d. SUDA δ 1079 *ὑπὲρ δὴ τούτων τὴν Ἄρτεμιν μηνῖσαι καὶ μετελθεῖν ⟨δικαιοῦσαν⟩ αὐτοὺς τῆς γῆς ἀγονίᾳ.* 10

50a. SUDA π 3092 *ὁ Ἀπόλλων φησὶ πρὸς Λοκροὺς μὴ ἂν αὐτοῖς τὸ δεινὸν λωφήσειν, εἰ μὴ πέμποιεν ἀνὰ πᾶν ἔτος δύο παρθένους ἐς τὴν Ἴλιον τῇ Ἀθηνᾷ, Κασάνδρας ποινήν, ἕως ἂν ἱλεώσητε τὴν θεόν.*

50b. SUDA κ 908 *καὶ αἵ γε πεμφθεῖσαι κατεγήρασαν ἐν τῇ Τροίᾳ, τῶν διαδόχων μὴ ἀφικνουμένων.* 5

50c. SUDA ε 1015 *αἱ δὲ γυναῖκες ἔτικτον ἔμπηρα καὶ τέρατα. οἱ δὲ τῶν τετολμημένων σφίσι λήθην καταχέαντες ἧκον ἐς Δελφούς.*

50d. SUDA κ 2162 *οὔκουν ἐδέχετο αὐτοὺς τὸ μαντεῖον, τοῦ θεοῦ μηνιῶντος αὐτοῖς. καὶ λιπαρούντων μαθεῖν καὶ δεομένων τὴν αἰτίαν τοῦ κότου, ὀψέ ποτε χρῆσαι.* 10

50e. SUDA π 2918 *καὶ τὸ ἐλλειφθὲν κατὰ τὰς παρθένους προφέρει αὐτοῖς.*

49 5 cp. Suda *α* 3544 **10–11** cp. Suda *α* 297
50 **8** cp. Suda *λ* 415

49 7 *βαρβάρου*] *τοῦ* ins. He **8** *δορυφορούντων* SM
11 *δικαιοῦσαν* e Suda *α* 297 *αὐτοὺς*] *αὐτὴν* GIT *αὐτὸν* M e Suda *α* 297 *ἀγωνίᾳ* mss. praeter A *ἀγονίαν* S e Suda *α* 297
50 2 *λωφῆσαι* He **4** *ἱλεώσεται* A **11** *μενίοντος* He
11–12 *καὶ δεομένων* del. He

15 **50f.** Suda α 2417 *οἱ δὲ, οὐδὲ γὰρ ἔσχον ἀνήνασθαι τὸ πρόσταγμα, ἐπ' Ἀντιγόνῳ τίθενται τὴν κρίσιν, ὑπὲρ τοῦ τίνα χρὴ Λοκρικὴν πόλιν πέμπειν δασμόν.*

50g. Suda ε 3852 *ὁ δὲ βασιλεὺς Ἀντίγονος, ἐφεθέν οἱ δικάσαι, προσέταξε κλήρῳ διακριθῆναι.*

51a. Suda π 3122 *Πυθαγόρας, Ἐφέσιος, καταλύσας δι' ἐπιβουλῆς τὴν τῶν Βασιλιδῶν καλουμένην ἀρχὴν ἀνεφάνη τε τύραννος πικρότατος, καὶ τῷ μὲν δήμῳ καὶ τῇ πληθύϊ ἦν τε καὶ ἐδόκει κεχαρισμένος, ἅμα τὰ μὲν αὐτοὺς ἐπελ-*
5 *πίζων ὑποσχέσεσι, τὰ δὲ ὑποσπείρων αὐτοῖς ὀλίγα κέρδη· τούς γε μὴν ἐν ἀξιώσει τε καὶ δυνάμει περισυλῶν καὶ δημεύων φορητὸς οὐδαμὰ οὐδαμῇ ἦν. καὶ κολάσαι δὲ πικρότατα οὐκ ἂν ὤκνησε καὶ ἀφειδέστατα ἀποκτεῖναι οὐδὲν ἀδικοῦντας· ἐξελύττησε γὰρ εἰς ταῦτα· ἔρως τε χρημάτων*
10 *ἄμετρος· καὶ διαβολαῖς ταῖς εἰς τοὺς πλησίους ἐκριπισθῆναι κουφότατος ἦν. ἀπέχρησε μὲν οὖν καὶ ταῦτα ἂν κάκιστα ἀνθρώπων ἀπολέσαι αὐτόν, ἤδη δὲ καὶ τοῦ θείου κατεφρόνει. τῶν γοῦν προειρημένων οἷς ἐπέθετο παμπόλλους ἐν τοῖς ναοῖς ἀπέκτεινεν, ἑνὸς δὲ τὴν θυγατέρα καταφυ-*
15 *γοῦσαν εἰς τὸ ἱερὸν ἀναστῆσαι μὲν αὐτὴν βιαίως οὐκ*

15–16 cp. Suda ε 3257 **51 4–7** cp. Suda ε 2048 **6–7** cp. Suda φ 593 **11–12** cp. Suda α 3109 **14–16** cp. Suda α 2085

16 *πρόσταγμα*] *πρᾶγμα* F **18** *ἐφεθέν οἱ*] *οἱ* F *οἷον* V **51 4–5** *ἐλπίζων* V **6** *ἐν ἐξιώμασι* mg. add. A recc. supra scriptis M *τε* om. V **9** *τε*] *τις* Bern **10** *πλησίον* V *πλουσίους* Gais **11** *οὖν καὶ* om. V *ἂν ταῦτα* G **13** *παμπόλους* AGV **14** *τὰς θυγατέρας καταφυγούσας* GM **15** *αὐτὴν* om. GVM *ἐτόλμησε, συνεχῆ δὲ φυλακὴν ἐπιστήσας ἐξετρύχωσεν ἄρα ἐς τοσοῦτον, ὡς βρόχῳ τὴν κόρην τὸν λιμὸν ἀποδρᾶναι. οὐκοῦν ἠκολούθησε δημοσία νόσος καὶ τροφῶν ἀπορία, καὶ σαλεύων ὑπὲρ ἑαυτοῦ ὁ Πυθαγόρας εἰς Δελφοὺς ἀπέστειλε καὶ ᾔτει λύσιν τῶν κακῶν. ἡ δὲ ἔφη νεὼν ἀναστῆσαι* 20 *καὶ κηδεῦσαι τοὺς νεκρούς. ἦν δὲ πρὸ Κύρου τοῦ Πέρσου, ὥς φησι Βάτων.*

51b. SUDA π 1939 *θάψαντες δὲ τοὺς νεκροὺς εἰργάσαντο κοινὸν πολυάνδριον.*

52a. SUDA η 378 *καὶ ἐδόκει περὶ τὴν ἄνθρωπον ἀκρατῶς ἠνεμῶσθαι.*

52b. SUDA α 4329 *οἶκτόν γε μὴν καὶ δάκρυα ἐμβαλοῦσαι πάντας, ὡς καὶ τοὺς ἀτέγκτους τε καὶ ἀτεράμονας τέγξαι.* 5

52c. SUDA α 359 *ἀποστείλας τοὺς ἀγριωτάτους τῶν δορυφόρων ἐξήρπασε τὴν γυναῖκα καὶ πρὸς βίαν ᾔσχυνε ποτνιωμένην καὶ θρηνοῦσαν.*

52d. SUDA ϑ 162 *οὐδαμῇ φορητὸν εἶναι τὸν βίον ἑαυτῇ μετὰ τὴν εὐνὴν ἄθεσμον πεπιστευκυῖα, θεοκλυτοῦσα καὶ* 10 *μυρίας ἀρὰς Ἐφεσίοις ἐπαρωμένη, εἰ μὴ πράξαιντο τιμωρίαν τούτοις παρὰ τῶν τυράννων, ἑαυτὴν διέφθειρεν.*

16–17 cp. Suda σ 1525

16 *ἄρα* om. V **17** *τὰς κόρας* AGM **19** *ὁ Πυθαγόρας ὑπὲρ ἑαυτοῦ* V **20** *δὲ*] *Πυθία* add. GM **24** *πολυάνδριον κοινόν* V **52 3–4** *ἐμβαλοῦσα* GIT **7** *βίαν*] *κακίαν* S **9** *ἑαυτὴν* GIVM

52e. Suda α 3817 *οὐ μὴν ἔμελλον αἱ ἀραὶ λήθῃ δοθή-*
15 *σεσθαι. λοιμὸς γὰρ τῇ τῶν Ἐφεσίων πόλει ἐνήκμαζεν οἷος βαρύτατος·*

52f. Suda ν 195 *προμοίροις δὲ θανάτοις διεφθείροντο ἡ νεολαία, καὶ ἦν ἀγονία καὶ μέντοι καὶ γυναικῶν καὶ τῆς ἀγέλης τῆς τετράποδος.*

20 **52g.** Suda ε 1531 *καὶ τὴν τῶν τετραπόδων ἀγέλην ἐξαμβλίσκειν ἔφασαν.*

52h. Suda β 558 *ἡ δὲ ὑπὲρ τῆς ἀσεβοῦς μίξεως ἀλλαξαμένη βρόχον.*

53a. Suda α 1514 *ἦν δὲ ἱέρεια τῷ θεῷ κάλλος ἄμαχος.*

53b. Suda κ 2684 *ὅμως ἡ ψυχὴ ὑπὸ τοῦ πόθου κυμαίνεται αὐτῷ καὶ φλέγεται·*

5 **53c.** Suda ε 3129 *ὁ δὲ ἀκράτωρ ἑαυτοῦ ὢν ἐσήλατο ἐς τὸν νεών,*

53d. Suda τ 741 *ἕτοιμα δὴ καταγράφων, καὶ ὅτι τολμήσει ταῦτα ἐφ' οἷς ἐνόσει ἐπ' ἠρεμίᾳ τῶν ἐπικουρῆσαι τῇ κόρῃ δυναμένων πεπιστευκώς.*

52 15–19 cp. Suda ν 195 **17–18** cp. Suda π 2518 **17–19** cp. Suda α 295 **53 5–6** cp. Suda α 968

15 *τῶν Ἐφεσίων*] *Ἐφέσῳ* e Suda ν 195 **17** *διεφθείρετο* F *ἐφθείρετο* e Suda π 2518 **18** *ἀγωνία* FV **22–23** *ἀλλαξαμένη*] *ἀναψαμένη* M supra scripto **53 3** *ὅμως* om. V **3–4** *πόθου αὐτοῦ κυμαίνεται* G *πόθου αὐτῆς κυμαίνεται* V *πόθου αὐτ' κυμαίνεται* M **4** *αὐτῷ* om. GVM **8** *τολμήσετ' ἂν ἐφ'* F

53e. SUDA π2610 *ὁ δὲ οὐκ ἐφείσατο αὐτῆς ὁ ἐραστὴς* 10
ὁ ἐναγής, ἀλλ' ἐξαγαγὼν αὐτὴν τοῦ νεὼ πρὸς βίαν διέ-
φθειρε μάλα ἀνοίκτως.

53f. SUDA φ594 *ἥτις δεινὸν ἡγησαμένη καὶ φορητὸν*
ἥκιστα ξιφιδίῳ ἑαυτὴν διέφθειρε.

53g. SUDA π46 *ὁ δὲ πρὸ τῆς ἐς τοὺς πολεμίους συμ-* 15
πλοκῆς, ὡς εἶδεν ἀπολλύμενόν οἱ τὸν λεών, ἐνετολμήσατο
κακὸν κακῷ μείζονι ὁ παλαμναῖος ἄρα ἐκεῖνος σβέσαι.
προστάττει γοῦν τὴν ἄθλιον παρθένον δίχα τεμεῖν.

53h. SUDA δ75 *τὰ ἡμίτομα ἐπὶ κλίναις βεβλημένα*
μάλα ἁβραῖς καὶ στρωμναῖς ὕφει τινὶ ὑπερηφάνῳ κεκοσμη- 20
μέναις ἐπιθέντας, ὑπὸ δᾳσὶν ἐνακμαζούσαις τῷ πυρί, καὶ
τῶν ὑμέναιον ᾀδουσῶν γυναικῶν, ⟨ἐκέλευσεν ἐκ⟩κομισθῆ-
ναι μετὰ χορείας γαμηλίου τε καὶ κερτόμου.

53i. SUDA τ636 *ἐμοὶ δοκεῖν, τοῦ Διονύσου τιμωροῦν-*
τος παρθένῳ δυστυχεῖ καὶ παθούσῃ τραγῳδίας ἄξια. 25

54a. SUDA φ226 *καὶ φέρονται οἱ πλούσιοι τὸ πλέον·*
συλλαβόντες δὲ τῶν δημοτῶν εἰς ψ' δήσαντες ἄγουσι.

19–21 cp. Suda α73 **20–21** cp. Suda υ290
21–23 cp. Suda υ471 et κ1422 **25** cp. Suda τ899

10 *αὐτῆς*] *αὐτὸν* V **14** *ξιφειδίῳ* AVM **15** *πρὸ*] *πρὸς* G *διὰ τῆς πρώτης* M. Schmidt *τοὺς*] *θοὺς* S **18** *γοῦν*] *γὰρ* G *οὖν* Chalc *τὴν*] *τὸν* S *διχοτομεῖν* M. Schmidt **21–22** *καὶ τῶν ὑμέναιον ᾀδουσῶν γυναικῶν* post *κερτόμου* transp. Suda κ1472 *ἐκέλευσεν ἐκκομισθῆναι* e Suda *υ 471* et κ1472 **22** *τῶν*] *τὸν* AVM **24** *Διονυσίου* F **25** *παθο-υσῃ* om. A

54b. Suda δ 902 *τῶν δὲ δεσμωτῶν εἷς ἀπορρήξας τὰ δεσμὰ καὶ διεκδύς, εἶτα καταφεύγει ἐπὶ τὰ τῆς Δήμητρος*
5 *πρόθυρα.*

54c. Suda π 2729 *ὁ δὲ ἐντυχὼν προσκειμέναις ταῖς θύραις καὶ τῶν ἐπισπαστήρων λαβόμενος ἀπρὶξ εἴχετο, καρτερικῶς καὶ μάλα ἐγκρατῶς. ἐπεὶ δὲ ἀποσπώντων βίᾳ ἀπέκοψαν τὸ πᾶν σῶμα τῶν χειρῶν.*

55a. Suda ε 3938 *ὁ δὲ Ἰάσων ὁ Θετταλὸς ἐπὶ τοῖς ἀναθήμασιν ἐν Δελφοῖς ἐφλέγετο.*

55b. Suda δ 836 *ὁ δὲ θεὸς λέγει ἐκείνους μὴ πολυπραγμονεῖν· αὐτῷ γὰρ εἶναι διὰ φροντίδος.*

5 **55c.** Suda η 285 *οἱ δὲ σπασάμενοι τὰ ἐγχειρίδια τοῦτον ἀπέσφαξαν, καὶ ἐξήμβλω μὲν ἡ ἔννοια τῆς θεοσυλίας τῷ ἀνοσίῳ ⟨ἀποσφαγέντος αὐτοῦ⟩, ἐπαύσαντο δὲ τοῦ δέους οἱ Δελφοί.*

56a. Suda α 3205 *Ἀλαλκομεναὶ πόλις ἐστί· καὶ ἀκούω αὐτὴν μήτ' ἐφ' ὑψηλοῦ κεῖσθαι καὶ ἀπιθοῦς λόφου,*

56b. Suda α 3550 *μήτε μὴν τειχῶν ἔχειν περίβολον, οἷον ἀποστέγειν καὶ ἀναστέλλειν τοὺς πολεμίους καρτερόν.*

5 **56c.** Suda λ 344 *ὁ δὲ παλαμναῖος καὶ λευστὴρ ἐκεῖνος ᾔτησεν ἐπωνυμίαν λαβεῖν Εὐτυχής.*

54 6–7 cp. Suda ε 2596 **55 6–7** cp. Suda ε 1731
56 3 cp. Suda α 3205

54 7–8 *καρτερικῶς ... ἐγκρατῶς* del. He **8** *καὶ ἐπεὶ* V *ἀποστώντων* F **8–9** *ἀπέκοψαι* F **9** *τῆς χειρός* F
55 6 *ἐξήμβλω μὲν*] *ἐξημβλώμενον* V **8** *Δελφοί*] *ἀδελφοί* V
56 2 *ἀπιθοῦς* A *ἀπειθοῦς* cett. **4** *κατὰ τὸ καρτερόν* He

56d. SUDA τ556 *τί γὰρ δὴ δελφῖνι καὶ βοΐ φασι κοινὸν εἶναι, Σύλλᾳ τε καὶ φιλοσόφοις;*

56e. SUDA α3674 *οὐ μὴν ἀπώνητο οὐδέν, ἀλλὰ ἐξέζεσε ζῶν κακοῖς θηρίοις, οἱ μὲν εὐλαῖς, οἱ δὲ ὅτι οὐ ταύ-* 10 *ταις, φθειρσί γε μήν.*

56f. SUDA λ358 *ὁ δὲ φθειρσὶν ἐκζέσας ἐσθιόμενός τε καὶ κατὰ μικρὰ λειβόμενος ἀποθνήσκει.*

57. SUDA β514 *ὅτι οἱ ἐν Διδύμοις τῆς Μιλησίας οἰκοῦντες Ξέρξῃ χαριζόμενοι τὸν νεὼν τοῦ ἐπιχωρίου Ἀπόλλωνος τοῖς βαρβάροις προὔδοσαν, καὶ ἐσυλήθη τὰ ἀναθήματα πάμπλειστα ὄντα. δεδιότες οὖν οἱ προδόται τὴν ἐκ τῶν νόμων καὶ τῶν ἐν ἄστει τιμωρίαν, δέονται Ξέρξου μι-* 5 *σθὸν λαβεῖν τῆς κακίστης ἐκείνης προδοσίας μετοικισθῆναι ἐν χώρῳ τινὶ Ἀσιανῷ. ὁ δὲ πείθεται καὶ ἀνθ' ὧν εἶχε κακῶς καὶ ἀσεβῶς, ἔδωκεν αὐτοῖς οἰκεῖν ἔνθεν οὐκ ἔμελλον ἐπιβήσεσθαι τῆς Ἑλλάδος ἔτι, ἀλλ' ἔξω τοῦ δέους ἔσεσθαι τοῦ κατειληφότος αὐτοί τε καὶ τὸ ἐκείνων γένος.* 10 *κᾆτα λαχόντες δὴ τὸν χῶρον ἐν οἰωνοῖς οὐδαμῇ χρηστοῖς πόλιν ἐγείρουσι καὶ τίθενται Βραγχίδας ὄνομα αὐτῇ, καὶ ᾤοντο μὴ μόνους ἀποδρᾶναι Μιλησίους, ἀλλὰ καὶ τὴν δίκην αὐτήν. οὐ μὴν ἐκάθευδεν ἡ τοῦ θεοῦ πρόνοια. Ἀλέξανδρος γάρ, ὅτε τὸν Δαρεῖον νικήσας τῆς Περσῶν ἀρχῆς* 15 *ἐγκρατὴς ἐγένετο, ἀκούσας τὰ τολμηθέντα καὶ μισήσας αὐτῶν τὴν τοῦ γένους διαδοχὴν ἀπέκτεινε πάντας, κακοὺς*

7–8 cp. Ael. NA 14.25 **9–11** cp. Suda ε3559

11 *γε μήν*] fort. *δὲ μᾶλλον* e Suda ε3559 **57 1** *Μελησίας* A **7** *χώρᾳ* IM **11** *κᾆτα* M e corr. *κάτω* cett. *δὴ* om. M *τῶν χώρων* VM ante corr. **12** *ὄνομα*] *ὄνος* A **17** *τὴν* om. AIV

εἶναι κρίνων τοὺς τῶν κακῶν ἐκγόνους, καὶ τὴν ψευδώνυμον πόλιν κατέσκαψε, καὶ ἠφανίσθησαν.

58a. SUDA κ 1083 *Κλεοπάτρα, εἰς ἣν κατολισθάνει τῶν Πτολεμαίων ἡ διαδοχή.*

58b. SUDA ε 1830 *ἡ δὲ Κλεοπάτρα βασίλειαν βασιλέων ἑαυτὴν ἀνεῖπεν· εἰς τοσοῦτον ἄρα φρονήματος ἐξώκειλεν.*

5 **58c.** SUDA κ 2147 *ἡ δὲ Κλεοπάτρα καὶ ἄλλα εἰργάσατο ἀσεβείας ἐχόμενα, ἅ μοι σιγῶντι κόσμον φέρει.*

58d. SUDA ε 2395 *ἡ οὖν Κλεοπάτρα καὶ τοὺς Ἠλείους ἐπειρᾶτο πολλῷ χρυσῷ ἐπικλύσασα τὸ ἄγαλμα τοῦ Διὸς πρίασθαι.*

59. SUDA η 329 *Ἀντωνίῳ δὲ ᾠκοδόμει νεὼν μέγαν, ὅσπερ οὖν ἡμίεργος ἀπελείφθη· τῷ Σεβαστῷ δὲ ἐτελέσθη.*

60a. SUDA ι 761 *ἡ δὲ Κλεοπάτρα ᾤετο ταῖς αὐταῖς ἴυγξιν, αἷσπερ οὖν Καίσαρος καὶ Ἀντωνίου, καὶ μέντοι καὶ τοῦ Σεβαστοῦ κρατήσειν τρίτου.*

60b. SUDA ε 1731 *ἀλλ' αὕτη γε ἡ ἐλπὶς ἐξήμβλω αὐτῇ.*

5 **60c.** SUDA α 204 *τὴν δὲ ἀδελφὴν αὐτῷ Ἰόβας ὁ Μαυρούσιος ἄγεται.*

61. SUDA κ 1575 *κίβδηλον δὲ ἄρα κακὸν δοῦλοι ὥς εἰσιν, ἐν τῇ Κλεοπάτρᾳ ἀνεφάνη.*

19 *κατέσκαψε*] *κατέκαυσε* V *ἠφανίσθησαν*] *ἠφανίσαν* M *ἠφάνισε* I **58** 2 *Πτολεμαίων*] *πολεμίων* GVM 3 *βασίλειαν*] *βασιλεῖ* GIM *βασιλέων* om. FV **59** 2 *ὥσπερ* GI *δὲ*] *τε* V **60** 1 *ἡ*] *οἱ* V *αὐταῖς*] *αὐ* GVM 2 *Ἀντωνίνου* IF 4 *ἐξήμβλωτο* GIVM 5 *δὲ* om. A

62a. SUDA υ 585 *ἀπέστη τὸ ἔθνος τῶν Σύρων καὶ Φοινίκων τοὺς γείτονας προσέλαβεν εἰς τὴν αὐτὴν ὁρμήν τε καὶ ὑπόστασιν.*

62b. SUDA α 3109 *καὶ τρὶς οὐχ ἅπαξ ἀπέχρησέν οἱ Τυρίοις εἰπεῖν ἀποστῆναι τῶν ἀμφὶ Δαρεῖον.* 5

62c. SUDA δ 732 *ὁ δέ, οὐ γὰρ ἐλελήθει τὰ ἔνδον, ὑπερήδετο, καὶ τὴν ἐλπίδα ὑπὲρ τῶν παρόντων ἐλάμβανεν εἰς τὸ κρεῖττον καὶ ἔτι μᾶλλον τῇ πολιορκίᾳ διαρκῶς ἐνεκαρτέρει.*

62d. SUDA χ 17 *ὡς δὲ ἐπεφοίτα ἡ τοῦ ὀνείρου ὄψις εἰς πάντας, χαλεπαίνουσιν ὁ δῆμος, οἱ Τύριοι.* 10

62e. SUDA μ 1071 *σχοινίον τε ἐφείλιξαν μίλτῳ καὶ ἔπαιον τὸ ἄγαλμα, Ἀλεξανδρίτην καλοῦντες.*

62f. SUDA π 721 *καὶ ταῦτα μὲν παρῴνησαν, βαρβάρως ἐνθουσιάσαντές τε ἅμα καὶ λυττήσαντες. ἔτισαν οὖν δίκας οὐ μεμπτάς· ἑάλω γὰρ αὐτοῖς ἡ πόλις.* 15

63a. SUDA α 3635 *ἡ γλῶττα ἡ ἀπαίδευτος καὶ ἀμαθὴς τῇ τε ἄλλῃ καὶ ταύτῃ ἐπίσπαστα παλαμᾶται, καὶ μέντοι καὶ εἰς τὸ ἀπόφημόν τε καὶ βλάσφημον κατολισθάνει.*

63b. SUDA α 916 *ἀνὴρ Ἀρκάς, Εὐτελίδας ὄνομα, ἀκολάστῳ τῇ γλώττῃ καὶ ἀκράτορι κακῶς πάντας ἀγορεύειν ἀρρώστημα ἔσχεν· ἐμίσει δὲ καὶ τοὺς εὖ πράττοντας.* 5

62 1 *τὸ Σύρων* GM **4** *τρὶς*] *τρεῖς* AS **6** *ἐληλύθει* FM **10** *ἐφοίτα* G **12** *ἐφείλιξαν*] *ἐφοίνιξαν* Port **13** *Ἀλεξανδριστὴν* Bern **14** *παρῴνησε* G **15** *τε* om. G
63 3 *κατολισθαίνει* GT

63c. Suda κ 1004 *καὶ οὐδὲν ἦν εἴς τινα ἔμβραχυ ἀγαθόν, ὃ μὴ ἐκείνου κατέτεινε ψυχήν.*

64a. Suda ε 2406 *εἶχε δὲ ἄρα τὸ βιβλίον τὰς Ἐπικούρου δόξας, ἃς ἐκεῖνοι κυρίας οὕτω καλοῦσιν, Ἐπικούρου κακὰ γνωρίσματα· ἐν αἷς ἄρα καὶ τόδε ἦν, ὅτι καὶ τόδε τὸ πᾶν φέρεται τύχῃ τινί, οὐ μὴν βουλήσει καὶ κρίσει*
5 *θεοῦ. ταύτας δὴ τὰς θρυλουμένας, ἀτόμους πληττομένας ὑπ' ἀλλήλων, εἶτα ἀφισταμένας, ἐκ τούτων γίνεσθαι ἀέρα, γῆν καὶ θάλατταν, εἶτα διαλύεσθαι τὰς ἀνακράσεις καὶ συνόδους καὶ παντελῶς ἀφανίζεσθαι εἰς ἀτόμους. φέρεσθαι δὲ εἰκῇ τὰ πάντα, καὶ ὡς ἔτυχεν, οὐ μὴν ἐκ τῆς τοῦ ποιη-*
10 *τοῦ σοφίας. εἶτα ὅτι ἐκ προνοίας φύρεται πάντα, οὔτε κυβερνήτην οὔτε ἰθυντὴν οὔτε ποιμένα ἔχοντα. εἶτα ὁ πομπῇ τοῦ θεοῦ ἥκων οὐκ ἠνέσχετο παραληρεῖν αὐτόν, ἀλλὰ τὴν τῶν λόγων παραπλῆγα λύτταν κατεσίγασεν. εἶτα ἀνέθορεν, Ἐπικούρῳ καὶ ταῖς ἐκείνου δόξαις κλάειν λέγων.*

15 **64b.** Suda ε 3249 *λιπαροῦντος οἰκτρῶς καὶ σὺν ἱκεσίᾳ, μὴ τὰ ἔσχατα αὐτὸν περιιδεῖν παθόντα.*

64c. Suda λ 583 *πρὸς δὲ τὸ θεῖον λιπαρὴς ἦν καὶ ἔκθυμος ὥσθ' ἅμα αὐτῷ προσιέναι.*

63 **7–8** cp. Suda ε 955

7 *οὐδὲ* e Suda ε 955 V *ἦν* om. e Suda ε 955 F **8** *τὴν ψυχήν* A et e Suda ε 955 F **64** **1** *ἄρα* om. GIM **3** *ἄρα* om. mss. praeter A *καὶ* alt. om. VT *καὶ τόδε* del. He **5** *δὴ*] *δὲ* V *θρυλλουμένας* GITM **7** *διαλύεσθαι*] *διαλαβέσθαι* GITM **9** *ὡς* om. A **10** *ἐκ προνοίας*] *ἄνευ προνοίας* Port *οὐκ ἐκ προνοίας* Wakefield *ἐκ προνοίας οὐδεμιᾶς* Bern **11** post *ὁ* lacunam censuit He **12** *ἥκειν* GIM **13** ante *εἶτα* lacunam censuit He **17** *δὲ*] *γὰρ* V

64d. Suda κ 1701 *ὁ δὲ θύσας Ἐπικούρῳ καὶ δόξαις ταῖς ἐκείνου κλάειν ἔλεγεν.* 20

64e. Suda λ 584 *ἐχλεύαζεν αὐτούς, ὡς ἐκ τῆς λιπαρίας τῆς τοσῆσδε πλέον ἔχειν οὐδέν.*

64f. Suda λ 584 *ὁ δὲ ἐτώθαζε τοῦ θεοῦ τοὺς θεραπευτῆρας λέγων ἐκ τῆς τοσαύτης λιπαρίας πλέον ἔχειν οὐδέν.* 25

64g. Suda χ 338 *περιιὼν δὲ εἰς τὸν νεών, χλευάζων γε μὴν τοὺς θεοῦ θεραπευτῆρας καὶ ἐπετώθαζεν.*

64h. Suda δ 1209 *καὶ μέντοι καὶ Διοσκούρων ἦν ἀγάλματα δύο νεανίαι μεγάλοι, γυμνοὶ τὰς παρειὰς ἑκάτερος, ὅμοιοι τὸ εἶδος, καὶ χλαμύδας ἔχοντες ἐπὶ τῶν ὤμων* 30 *ἐφημμένην ἑκάτερος· καὶ ξίφη ἔφερον τῶν χλαμύδων ἠρτημένα καὶ λόγχας εἶχον παρεστώσας, καθ' ἃς ἠρείδοντο, ὁ μὲν κατὰ δεξιάν, ὁ δὲ κατὰ λαιάν.*

64i. Suda π 414 *ὁ δὲ οὐκ ἠνέσχετο παραληρεῖν αὐτόν, ἀλλὰ τὴν τῶν λόγων παραπλῆγα λύτταν κατεσίγασε· καὶ* 35 *τῶν Διοσκούρων ἑνὸς τὸ ξίφος διῃρμένον τε καὶ ἐπανεστώς, καὶ πληγεὶς καιρίως ἐξέγρετο.*

65a. Suda σ 1471 *ὁ δὲ λιθουργῷ χειρουργίας τεχνίτῃ δίδωσι χρυσίον, ὅσον συνέβη.*

21 *ὡς* om. F **22** *ἔχειν*] *ἔχοντας* Bern **26** *παριὼν* Kust **28** *Διοσκόρων* He **29** *ἑκάτερος* del. He **30** *χλαμύδα* He **31** *ἑκατέραν* VM **32** *καθ' ἃς*] *ἐν αἷς* VM **36** *Διοσκόρων* He **36–37** *ἐπανεστός* G **65 2** *ὅσον*] *ὃ* A

65b. Suda α 131 *καὶ δίδωσιν ἀργύριον, ἵνα ἐκπονήσῃ τὸ ἄγαλμα ἄκρας τέχνης, προσθεὶς τὸ μέγεθος καὶ προσ-*
5 *ειπὼν τῆς λίθου τὴν φύσιν.*

65c. Suda α 3702 *ὁ δὲ πρὸς τὸ κέρδος ἀπιδὼν καὶ τυφλώττων πρὸς τὸ εὐσεβές, ἀπρόσωπον μὲν ὅσα ἰδεῖν, μικρὸν δὲ τὸ μέγεθος, λίθου δὲ μὴ κεκριμένης τὸ ἄγαλμα ποιεῖ.*

10 **65d.** Suda α 2883 *ὁ δὲ χρόνῳ ὕστερον ἐφωράθη, τῷ πάντα ἐκκαλύπτοντι καὶ ἀπαληθεύοντι. τούτου τὸ δολερὸν ἀναφαίνεται.*

65e. Suda α 1070 *ὑπὲρ τοῦ κέρδους ὁ κακοδαίμων τὴν πήρωσιν ἀλλαξάμενος· καὶ ἦν παράδειγμα καὶ παίδευμα*
15 *πᾶσιν ὥστε μὴ τολμᾶν μηδὲ κερδαίνειν παραπλήσια.*

66. Suda σ 441 *ὅπως ἐτίμησάν τε καὶ ἐφίλησαν οἱ Διόσκουροι τὸν μελοποιὸν Σιμωνίδην, καὶ πῶς ἐρρύσαντο, καλέσαντες ἔξω τοῦ ἀνδρῶνος, ἔνθα κατώλισθεν, ἐρῶ ἀλλαχόθι· ἄξιον δὲ μηδὲ ταῦτα παραλιπεῖν· Ἀκραγαντίνων*
5 *στρατηγὸς ἦν ὄνομα Φοῖνιξ· Συρακοσίοις δὲ ἐπολέμουν οὗτοι. οὐκοῦν ὅδε ὁ Φοῖνιξ διαλύει τὸν τάφον τοῦ Σιμωνίδου μάλα ἀκηδῶς τε καὶ ἀνοίκτως, καὶ ἐκ τῶν λίθων τῶνδε ἀνίστησι πύργον. καὶ κατὰ τοῦτον ἑάλω ἡ πόλις. ἔοικε δὲ καὶ Καλλίμαχος τούτοις ὁμολογεῖν. οἰκτίζεται*

66 6–8 cp. Suda α 860

12 *ἀναφαίνεσθαι* GI **66 1–2** *Διόσκοροι* He **2** *μεγαλοποιὸν* V **3** *κατωλίσθησεν* V **3–4** *ἀλλαχόθεν* V *ἀλλόθι* G **4** *καταλιπεῖν* GVM *Ἀκραγαντῖνος* VM **5** *Φοῖνιξ ὄνομα ἦν* V **7** *ἀκηδῶς τε καὶ* om. V **8** *πύργον ἀνίστησι* V

γοῦν τὸ ἄθεσμον ἔργον, καὶ λέγοντά γε αὐτὸν ὁ 10
Κυρηναῖος πεποίηκε τὸν γλυκὺν ποιητήν·

οὐδὲ τὸ γράμμα
ἠδέσθη τὸ λέγον τόν με Λεωπρεπέος
κεῖσθαι Κήϊον ἄνδρα.

κᾆτ' εἰπὼν ἄττα ἐπιλέγει 15

οὐδ' ὑμέας, Πολύδευκες, ὑπέτρεσεν,
οἵ με μελάθρου
μέλλοντος πίπτειν ἐκτὸς ἔθεσθέ κοτε
δαιτυμόνων ἄπο μοῦνον, ὅτε Κραννωνίος αἰαῖ
ὤλισθεν μεγάλους οἶκος ἐπὶ Σκοπάδας. 20

τιμωροὶ μὲν δὴ θεοὶ τοῖς ἀξίοις, καὶ τιμῶσιν οἵ τε Ὀλύμπιοι οἵ τε οἱ ἐπὶ τῆς τρίτης ἀρχῆς· οὔ μοι δοκεῖ πολυπραγμονεῖν. ἔστωσαν δὴ καὶ ταῦτα ὑπόμνησις τοῦ βιοῦν ὀρθῶς, ἵνα τε αὐτοὺς ἔχωμεν καὶ ἐνταῦθα κηδεμόνας καὶ ἐκεῖθι, ὅταν τὴν εἱμαρμένην τε καὶ ἀναγκαίαν πορείαν 25 *ἔλθωμεν.*

67a. SUDA *ο* 292 *ὁ δὲ Σύρφαξ ὁμοῦ τι τῷ θανάτῳ ὢν*

12–14, 16–20 cp. Call. fr. 64 **67 1–14** cp. Arr. 1.17.12

10 *γε*] *τε* G **13** *τὸ λέγον τόν με*] P. Oxy. 2211 *λεγόμενον υἱὸν* mss. *Λεωπρεπέος*] Bentley *Λεοπρεποῦς* V *ἑοπρεποῦς* in lac. M *Θεοπρεποῦς* G *Μελοπρεποῦς* A **14** *Κήϊον*] *κεῖνον* A **16** *Πολύδευκος* V **17** *οἵ με*] *οἴμοι* A **18** *ἔθεσθαί* M *ἔσεσθέ* A *ἔσεσθαί* V *ποτε* mss. **19** *Κραννωνίων* mss. *αἴας* mss. **20** *μέγας* mss. **21** *τιμῶσιν*] *ἴσως* add. M supra scriptum **22** *οἵ τε*] *εἴτε* AVM *οἱ ἐπὶ τῆς*] *ἐπὶ* G **24** *ἔχωμεν καὶ ἐνταῦθα*] *ἐνταῦθα ἔχωμεν* V **67 1** *Σύρφαξ*] Rasm e Suda *τ* 940 *Σύφαξ* mss.

ἀνεφθέγξατο τὰ ἐκ τῆς τραγῳδίας ἰαμβεῖα, ὡς δεδιττόμενος τὸν Μακεδόνα,

ὅρα, τιθεῖσα τόνδε τὸν νόμον βροτοῖς
5 *μὴ πῆμα σαυτῇ καὶ μετάνοιαν τιθῇς·*

οὐ μὴν ἔσπασέ τι ἡ μήρινθος αὐτῷ.

67b. Suda μ 770 *οἱ γὰρ δορυφόροι μετέωρον ἀράμενοι τὸν Σύρφακα εἰς τὸν Τριακοντόποδα καλούμενον ἐκόμισαν, ῥίψαντες κάτω.*

10 **67c.** Suda τ 940 *εἰς ὃν μετέωρον ἀράμενοι τὸν Σύρφακα ῥιπτοῦσι κάτω, οἱ μὲν πυγμαῖς, κορύναις δὲ ἄλλοι, λίθων γε μὴν τῶν ἐν ποσὶν ἀμυνόμενοι πολλοί· οἱ δὲ ὅ τι παρέπιπτεν αὐτοῖς ὑποχείριον ἀλοῶντες αὐτὸν ἀπορραγῆναι τὴν ἐπάρατον αὐτοῦ ψυχὴν κατηνάγκασαν.*

68a. Suda σ 265 *ὁ δὲ θᾶττον ἢ βάδην τήν τε κεφαλὴν ἐπισείων καὶ βαρβαρικῶς τινα ἐπιφθεγγόμενος, ὅσα τῆς τε φωνῆς τῷ ἐντόνῳ καὶ τοῦ βαδίσματος τῷ σεσοβημένῳ εἰκάσαι, ἐπαπειλῶν.*

5 **68b.** Suda υ 673 *εἶτα ἀδοκήτως πολλῷ σφόδρα ὗσε, καὶ ἀστραπαὶ γεγόνασιν ἐκπλῆξαι δειναί.*

4–5 cp. Soph. Elec. 580–1 **6** cp. Suda μ 978 **11–13** cp. Suda υ 639 **11–14** cp. Suda α 1330

2 *ἐκ* om. S *ἰάμβια* AM ante corr. **5** *μετάγνοιαν* Soph. **8** *Σύρφακα*] Pors *Σύφακα* GVM *Σύφακον* A *φύλακα* F **9** *ῥιψοντες* A rec. **11** *πυγμαῖς*] *οἱ δὲ ῥοπάλοις* add. Suda υ 639 **12** *λίθῳ γε μην τῷ* GM *ποσὶν*] *χερσὶν* A ante corr. M e corr. **68 1** *θᾶττον* Bern *θᾶσσον* mss. **2** *τῆς* om. V **3** *τῷ* pr.] *τοῦ* A **5** *ὗσαι* V

68c. SUDA α 1514 *ἀδοκήτου χειμῶνος καταρραγέντος κατηνέχθη πλῆθος χιόνος ἄμαχον.*

68d. SUDA υ 75 *ἐμπιπτόντων ὑετῶν καὶ χάλαζα ἰσχυρὰ ⟨ἐπ⟩έρρευσε.* 10

68e. SUDA α 2366 *καὶ διὰ πάσης ἡμέρας σκότος ἦν βαθύτατος· καὶ οἱ ποταμοὶ πληρωθέντες ἀνεχύθησαν.*

68f. SUDA σ 680 *καίτοι τὰ τῆς ὥρας οὐδαμῇ χειμέρια ἦν.*

68g. SUDA α 2900 *ἀνεσταύρωτο δὲ ὁ πολιορκῶν, καὶ* 15 *εἰς τοῦτό οἱ τὸ τοῦ χειμῶνος τοῦ μὴ καθ' ὥραν ἀπαντήσαντος τὸ τέλος ὡρμήσατο.*

69. SUDA β 109 *Βάρβιος Φιλιππικός· οὗτος ἐπὶ τῶν τριῶν τυράννων ἦρχε. θέραψ δὲ ἦν τὸν τρόπον καὶ κολακικός, καὶ μέντοι καὶ τῷ περὶ τὸν Ἀντώνιον θιάσῳ κατείλεκτο· καὶ ταύτην γε τὴν ἀρχὴν ἦρχε τὴν ἐκείνου χάριν. τοῦτόν τε οὖν τὸν τότε σοβαρὸν καὶ πορφυροῦν τῇ τιμῇ* 5 *καὶ ἐν ἀγορᾷ τῇ Ῥωμαίων ὑψηλὸν διάγοντα καὶ δικάζοντα ὁ δεσπότης ἀνέγνω ἐλθών, πρότερον μὲν ἀποδράντα, ἐν ἐκείνῳ δ' οὖν τοῦ καιροῦ πομπεύοντα ἁβρὸν καὶ κυδρού-*

68 **11–12** cp. Suda σ 680 **13–14** cp. Suda α 2366 **69** **2–3** cp. Suda θ 232 **2–4** cp. Suda θ 167 **7–9** cp. Suda κ 2619

7–8 *καταρραγέντος κατηνέχθη πλῆθος χιόνος* S *καταρρήγνυται πλῆθος* cett. **10** *ἐπέρρευσε* e Suda α 2366 **12** *καὶ … ἀνεχύθησαν* ante *καὶ διὰ … βαθύτατος* trans. He **16** *ἀπαντήσαντος* S *ὑπαντήσαντος* cett. **17** *ὡρμίσατο* Toup **69** **5** *τότε*] *τε* A **7** *ἐν* om. VM **8** *δ' οὖν*] *δ'* V *δ' ὦ* M

μενον καὶ σὺν τῇ ἀρχῇ θρυπτόμενον· καὶ προσελθὼν
10 *ἡσυχῇ κατόπιν θοἰματίου λαβόμενος 'χαῖρε' εἶπε, τὸ ὄνομα*
προσθεὶς τὸ ἀρχαῖόν τε καὶ δοῦλον. καὶ ἐκεῖνος ἐκπλήττε-
ται ῥᾳδίως τὸν δεσπότην γνωρίσας καὶ δεῖται σιωπᾶν καὶ
εἰς τὰ οἰκεῖα ἄγει, καὶ καταβαλὼν πάμπλειστα, εἶτα μέν-
τοι ἑαυτὸν ἐλύσατο. καὶ αἰδοῖ Ἀντωνίου τῇ κηλῖδι τῇδε
15 *σιγὴ κατεχύθη ἀργυρώνητος. ἔκρινα δὴ καὶ ταύτην τῆς*
τύχης μὴ σιγῆσαι τὴν παιδιάν.

70a. SUDA σ757 *καὶ ἐτιμᾶτο τιμαῖς τῆς εἰς ἀνθρώπους*
αἰδοῦς τε σοβαρωτέραις.

70b. SUDA τ288 *ὁ δὲ Σόλων τῆς παρούσης τῷ Κροίσῳ*
τύχης κατεφρόνησεν ἐκέλευσέ τε τοῦ βίου παντὸς τὸ τέλος
5 *ἀναμένειν, μηδὲ προπηδᾶν, μηδὲ ἐπειγόμενον τοῖς εὐδαί-*
μοσιν ἑαυτὸν ἐγκαταγράφειν· ἀτέκμαρτα γὰρ καὶ ἄδηλα
εἶναι τὰ ἀνθρώπινα,

70c. SUDA ε3017 *ἕως ἂν ἑκάστῳ ἡ ψυχὴ εἴσω τοῦ*
τῶν ὀδόντων ἕρκους ᾖ.

10 **70d.** SUDA κ101 *ὁ δὲ πεῖραν καθιεὶς καὶ ἐπιβουλεύων*
ἐλέγξαι πανταχόθεν τὰ τοῦ λέβητος καὶ τῆς χελώνης καὶ
τοῦ ἀρνοῦ ἐν Λυδοῖς ἐπαλαμᾶτο.

70e. SUDA σ758 *ἀναθήμασι σοβαροῖς ἐκόσμησε τὸν*
νεών.

15 **70f.** SUDA α4386 *ὑπὲρ τῶν μελλόντων ἀτρέπτως τε*
καὶ παναληθῶς προθεσπίζουσα.

10–11 cp. Suda ϑ523 **70 4–7** cp. Suda ε3017

70 1 *τῆς εἰς*] *ταῖς ἐξ* Valck *θεούς τε καὶ* add. et *τε* post *αἰ-*
δοῦς coni. Bern vel *αἰδοῦς τε καὶ* **2** *σοβαρωτέρας* He
3 *τύχης τῷ Κροίσῳ* G **12** *Λυδοῖς* I *δυδοῖς* cett.

70g. SUDA σ1575 *ἐπεὶ δ' ἔμπαλιν τῆς ἀληθείας συνίει τὰ λεγόμενα καὶ τὸ ἑαυτῷ φίλον τε καὶ κεχαρισμένον ἑώρα μόνον, ἐπέθετο καταλῦσαι τὴν Περσῶν βασιλείαν.*

70h. SUDA κ1575 *ὁ Κροῖσος κιβδήλοις ταῖς ἐφ' ἑαυ- τοῦ ἀκοαῖς μένων καὶ τὴν βασιλείαν τὴν πατρῴαν θάλπων τε καὶ περισκέπων καὶ περιστέλλων.* 20

70i. SUDA κ1457 *ὁ δὲ καὶ μᾶλλον μέγα ἐφρόνει, κεχαρισμένου τοῦ δώρου τῷ θεῷ γεγενημένου.*

70k. SUDA κ727 *κελεύσαντος Κύρου, ἵνα καταπρησθῇ ζῶν.* 25

70l. SUDA α2418 *ὁ δὲ ἀνηνέγκατο ἄρα στενάξας καὶ εἰς τρὶς ἐκάλεσε τὸν Σόλωνα.*

70m. SUDA β42 *αἰθρίας γὰρ οὔσης καὶ πανηλίῳ ἡμέρᾳ ἄφνω καὶ ἀδοκήτως νέφη συνδραμεῖν οἷα δήπου βαθύτατα, καὶ καταρρῆξαι πάμπολυν ὑετόν.* 30

70n. SUDA τ727 *τί γὰρ μαθὼν ἐτόλμησε τόγε αὑτοῦ μέρος δουλώσασθαι Λυδοῖς Πέρσας;*

71. SUDA δ451 *Περικλῆς ὁ Ξανθίππου, νόμον γράψας τὸν μὴ ἐξ ἀμφοῖν ἀστυπολίτην μὴ εἶναι, οὐ μετὰ μακρὸν τοὺς γνησίους ἀποβαλών, ἄκων καὶ στένων καὶ λύσας τὸν ἑαυτοῦ νόμον καὶ ἀσχημονήσας, ἐλεεινὸς ἅμα καὶ μισητὸς ἔτυχεν ὧν ἐβούλετο. ὅμως γε μὴν ἀντιβολοῦντος καὶ δε- κάσαντος τοὺς ἐντεῦθεν ζῶντας, ὀψὲ καὶ μόλις τὸν νόθον* 5

17 *ἐπεὶ δ' ἔμπαλιν*] *ἐπείδες τ' ἄπαλιν* V 22 *περισκέπων*] *περιέπων* He 25 *ἵνα καταπρησθῇ*] *ἀνακαταπρισθῇ* F 32 *παθὼν* Kust 33 *δηλώσασθαι* AF 71 2 *πολίτην* He 3 *καὶ* pr.] *δὲ* M 4 *ἐλεεινῶς* M *μισητῶς* MT ante corr. 5 *ἀντιβολοῦντα* M

οἱ παῖδα τὸν ἐξ Ἀσπασίας τῆς Μιλησίας ἐποίησε δημοποίητον.

72. SUDA μ 497 οὗτος ἐρᾷ νεανίου Ἀθήνησι τῶν εὖ γεγονότων καὶ πλουσίων, μειρακίου καὶ ἐκείνου τὸ γένος διαπρεποῦς καὶ τὴν ὥραν ἀμάχου. καὶ τῷ μὲν ἐραστῇ Μέλητος ὄνομα ἦν, τῷ καλῷ δὲ Τιμαγόρας, ὥς φασιν. ἦν
5 δὲ ἄτεγκτός τε καὶ ἀμείλικτος ὅδε ὁ παῖς, καί οἱ πολλὰ προσέταττε καὶ ἐπίπονα καὶ κινδύνων ἐχόμενα τῶν ἐσχάτων καὶ ὁμοῦ τὰ τῷ ὀλέθρῳ ἐλαύνοντα. καὶ ἦν τὰ πράγματα κύνας τε ἀγαθὰς καὶ θηρατικὰς ἐκ τῆς ἀλλοδαπῆς ἄγειν καὶ ἵππον αὖ τῶν πολεμίων ἀπαγαγεῖν ὅτου δὴ γεν-
10 ναῖόν τε καὶ θυμικόν, καὶ ἄλλου χλαμύδα ὡραίαν, καὶ τοιαῦτα ἕτερα. καὶ τελευτῶν ὄρνιθάς οἱ προσέταξε κομίσαι ὅτου δὴ τροφίμους καὶ οἰκέτας γένος θαυμαστούς. ἐπεὶ δὲ καὶ τοῦτο κατεπράξατο ὁ ἔνθεος φίλος ἐκεῖνος καὶ ἐδωρεῖτό γε τῷ καλῷ τὸ μέγα τίμιον κτῆμα τοὺς προειρη-
15 μένους, ὁ δὲ ἀτεράμων ὢν καὶ εἰς τοσοῦτον ἀπεώσατο ἄρα τὸ δῶρον. ὁ τοίνυν Μέλητος φλεγόμενος τῷ ἔρωτι καὶ οἰστρούμενος καὶ ἐπὶ τούτοις ἀσχάλλων τῇ ἀτιμίᾳ καὶ

72 3–4 cp. Suda κ 251 **4–7** cp. Suda α 4329 **15–16** cp. Suda α 4343 **17–19** cp. Suda α 4301

72 1 *ἐρᾷ νεανίου*] *ἦν νεανίας* Bekk **2** *πλουσίων*] *ἤρα δὲ* add. Bekk *καὶ ἐκείνου* ex A solo **4** *Μέλιτος* GVM *ὥς φασιν* om. V **7** *καὶ ὁμοῦ … ἐλαύνοντα* om. V *τὰ* pr.] *τι* He *ἐλαύνοντα*] *ἐμβάλοντα* G **7–8** *πράγματα*] *προστάγματα* Bekk **9** *ἵππων* GVM *αὖ*] *ἂν* A *ἐκ* G **9–10** *ὅτου … ὡραίαν*] *καὶ χλαμύδας ὡραίας* V **14** *γε* om. V *τὸ* del. Bern **14–15** *τοὺς προειρημένους*] *πεπερνημένους* M. Schmidt **15** *τοσοῦτο* GM *ἀπεωρήσατο* V **17–18** *καὶ ἐπὶ … ἀτιμίᾳ* om. V

ἀπαυδήσας ἐπὶ τοῖς ἀνηνύτοις τε μόχθοις ἅμα καὶ ἀπεί-ροις, ᾗ ποδῶν εἶχεν ἀνέθορέ τε εἰς τὴν ἀκρόπολιν καὶ ἑαυτὸν ἔωσε κατὰ τῶν πετρῶν. οὐ μὴν ἡ τιμωρὸς δίκη τὸν 20 *ὑβριστὴν παῖδα καὶ ὑπερόπτην εἴασεν ἐπεγχανεῖν τῷ τοῦ Μελήτου θανάτῳ. τοὺς ὄρνιθας γοῦν ἀναλαβὼν καὶ ταῖς ἀγκάλαις ἐνθείς, εἶτα μέντοι κατ' ἴχνια τὰ ἐκείνου θέων, ὥσπερ οὖν ἑλκόμενος βίᾳ, ἑαυτὸν σὺν τῷ δυστυχεῖ χωρῶν ἐπὶ τῷ Μελήτῳ ἔρριψε φέρων, βραδὺν καὶ δυστυχῆ τὸν* 25 *ἔρωτα ἀντερασθεὶς τοῦτον. καὶ ἕστηκεν εἴδωλον τοῦ πάθους κατὰ τὸν τόπον παῖς ὡραῖος καὶ γυμνὸς ἀλεκτρυό-νας δύο μάλα εὐγενεῖς φέρων ἐν ταῖς ἀγκάλαις καὶ ὠθῶν ἑαυτὸν ἐπὶ κεφαλήν.*

73a. SUDA *ο* 250 *ὁ δὲ ὑφαιρεῖται τὸν κώδωνα καὶ φι-λίας σύμβολον καὶ ὅμηρον πρῶτον κομίζει τῷ ἑταίρῳ αὐ-τοῦ.*

73b. SUDA *μ* 789 *καὶ ὡς κατειργάσατο τὸ κάλλιστον ἔργον, ἔφευγεν ὤκιστα εὐθὺ τοῦ ἐραστοῦ. μετῄεσαν δὲ αὐ-* 5 *τὸν οἱ δορυφόροι, καὶ διέφυγεν ἂν ἐκεῖνος, εἰ μὴ προβά-τοις συνεζευγμένοις περιπεσὼν καὶ συμπλακεὶς ὡς πέδῃ κᾆτα ἀνετράπη.*

20–22 cp. Suda *ε* 2027

18 *τε* om. V **18–19** *ἅμα καὶ ἀπείροις* om. V **19** *τε* ex A solo **22** *οὖν* GVM **22–23** *καὶ … ἐνθεὶς* om. V **23** *μέντοι* ex A solo *ἐκείνου*] *Μέλιτος* V **24** *ὥσπερ … βίᾳ* om. V *χωρῶν*] *χορῶν* Chalc *χορῷ* Kühn *δώρῳ* M. Schmidt He **24–25** *χωρῶν ἐπὶ τῷ* om. V **25** *βραδὺ* V **26** *ἀνατερασθεὶς* V **26–27** *τοῦ … τόπον* om. V **28** *δύο μάλα εὐγενεῖς* om. V *καὶ* om. V **28–29** *ἐπὶ κεφαλὴν ὠθῶν ἑαυτόν* GVM
73 5 *ἔφευγεν*] *ἔφεγγεν* AVM *μετίεσαν* V

73c. SUDA π 860 τελευτῶν ἀπεσφάγη καὶ αὐτός καὶ
10 ἔκειτο πλησίον τῶν παιδικῶν, θέαμα ἔνδοξόν τε καὶ
ὑπερήφανον.

73d. SUDA θ 520 ἤστην δὲ καλὼ καὶ μεγάλω· ὡραῖος
δὲ ὁ νέος, οὐ τεθρυμμένος μήν, ἀλλὰ γεννικὸν ὁρῶν

73e. SUDA π 2483 εἶχε πρόκωπον τὸ ξίφος.

15 **73f.** SUDA ε 2624 ἔθαψάν τε ἐκείνους αὐτόθι σεμνῶς
τε καὶ σοβαρῶς ἐπιστήματα ἐπέστησαν. νεανία ἤστην, ὁ
μὲν ἤδη γενειῶν, ὁ δὲ αὐτοῖν γυμνὸς τὴν παρειὰν ἔτι.

74a. SUDA κ 2199 Διονύσιος τοὔνομα, ἔμπορος τὸ
ἐπιτήδευμα δολιχεύσας πολλοὺς πολλάκις πλοῦς, τοῦ κέρ-
δους ὑποθήγοντος, καὶ περαιτέρω τῆς Μαιώτιδος ἐκκουφί-
σας, ὠνεῖται κόρην Κόλχον, ἣν ἐληΐσαντο Μάχλυες, ἔθνος
5 τῶν ἐκεῖ βαρβάρων.

74b. SUDA υ 133 ὑπάγοντος δὲ αὐτὸν τοῦ κέρδους, καὶ
ἐπὶ μᾶλλον ὑποθήγοντος.

74c. SUDA δ 1337 Διονύσιος τοὔνομα, ἔμπορος τὸ
ἐπιτήδευμα, δολιχεύσας πολλοὺς πολλάκις πλοῦς περιβάλ-
10 λεται πλοῦτον εὖ μάλα ἁδρόν.

74d. SUDA κ 514 ὁ τοίνυν Διονύσιος καταγράφων
ἑαυτῷ λύτρα πλεῖστα ὑπὲρ τῆς κόρης, ἢ χρυσίον πάμπολυ,
ἣν ἀπόλοιτο αὐτή.

73 10–11 cp. Suda υ 290 **12** cp. Suda π 2483
15–16 cp. Suda σ 757 **74 1–2** cp. Suda ε 2681

13 γεννικὸν e M solo **14** πρόκωπον εἶχε GM τὸ om.
AGM **17** αὐτοῖς GI **74 3** πορρωτέρω AGM
4 ὠνεῖτο F Κόλχιν Bern Μάχρυες A **6** δὲ del. He
κέρδους] πλούτου He

74e. SUDA α 533 *τινὰς παραλαβὼν ἁδροῦ μισθοῦ εἰς Βυζάντιον ἐλθεῖν πείθει.* 15

74f. SUDA π 2650 *εἶτα τῆς ὑστεραίας προσέσχε τῇ Χίῳ καὶ ἀποβάντες ἐντυγχάνουσι τῇ κόρῃ πιπρασκομένῃ.*

74g. SUDA ε 1395 *ὁ δὲ ἔπραττε κακῶς, καὶ πᾶσα ἡ οἰκία αὐτῷ ἐνόσει, καὶ τὰ τῆς ἐμπορίας ἐπικερδῆ ἥκιστα αὐτῷ ἦν.* 20

74h. SUDA ε 1546 *θυγάτηρ δὲ ἥπερ, ἣν οἱ τῶν ἐκείνου μηχανῶν τε καὶ ἐπιβουλῶν ἀμαθής, ἐξάντης γίνεται τοῦ κακοῦ.*

75. SUDA η 350 *ἔστι δὲ οὕτως. ἀδελφὼ δύο ἤστην. ὁ τοίνυν ἕτερος ἀποθνήσκων καὶ παῖδα ὀρφανὸν ἀπολείπων τὸν ἀδελφὸν ἐγγράφει καὶ τοῦ υἱοῦ ἐπίτροπον καὶ τῶν χρημάτων ὧν ἐκείνῳ κατέλιπε μελεδωνόν. ὁ δὲ ἀνόσιος ὢν τὰ τοῦ παιδὸς σφετερίσασθαι γλιχόμενος, εἶτα μέντοι καὶ* 5 *τὰ οἰκεῖα προσαπώλεσε. δεομένῳ δὲ πολυωρίας τινὸς καὶ ῥοπῆς τυχεῖν τῆς εἰς τὸ κρεῖττον ἀπεκρίνατο,*

νήπιος οὐκ ἐνόησεν ὅσῳ πλέον ἥμισυ παντός.

παιδεύσεως ταῦτα ἔχεται καὶ ψυχὴν καθαίρει καὶ βίον κοσμεῖ καὶ σωφροσύνην ἐντίθησι καὶ δικαιοσύνην νομοθετεῖ. 10

18–19 cp. Suda ε 2858 et π 2233 **19–20** cp. Suda η 174
75 1 cp. Suda η 605 **3–5** cp. Suda μ 474 **6–7** cp. Suda π 1991 **8** cp. Od. 9.442 et Hes. OD 40

17 *ἀποβάντι* G **19** *αὐτοῦ* FVM **21** *οἱ*] AV *ἡ* cett.
75 1 *ἀδελφοὶ* GIO *ἀδελφοὶ αἱ* V **3** *ἔγραφεν* V
4 *μελιδὼν* V **8** *ὅσα* A

76a. Suda φ 428 *οἱ Αἰτωλοὶ εἰς Ἀθήνας τὸν οἶνον ἐκόμιζον, φιλοτησίας τῆς ἐκ τοῦ θεοῦ κοινωνῆσαι καὶ τοῖς τῆς Ἀθηνᾶς τροφίμοις βουλόμενοι.*

76b. Suda α 463 *οἱ δὲ ἄδην καὶ ἀπείρως σπῶσι τοῦ*
5 *οἴνου, καὶ ἀνατραπέντες ἔκειντο ὡς ἔτυχον αὐτῶν ἕκαστοι εἰκῇ.*

76c. Suda φ 98 *⟨καὶ οἱ τούτοις προσήκοντες⟩ τοὺς οἰνοχόους τούσδε ἡγησάμενοι φαρμακεῖς καὶ πιστεύσαντες τεθνάναι τοὺς καθεύδοντας, τοὺς Αἰτωλοὺς ἀπέκτειναν.*

10 **76d.** Suda μ 784 *μέτεισι τοὺς Ἀθηναίους ὑπὲρ τῶν ἀθέσμων φόνων ἡ δίκη, καὶ ἀφορίαις συνείχοντο.*

76e. Suda ε 681 *νικώμενοι οὖν ἐκ τῶν παρόντων ἄκος αἰτοῦσι παρὰ τοῦ θεοῦ, καὶ ἐρωτῶσι τὴν Πυθίαν.*

76f. Suda α 932 *δέονται δὴ παρὰ θεοῦ ἄκους.*

15 **76g.** Suda χ 504 *⟨καὶ⟩ τοῖς Ἀθηναίοις ἐκπίπτει χρησμὸς λέγων δεῖν χοὰς τοῖς ἐκδίκως τῶν Αἰτωλῶν τεθνεῶσιν ἐπάγειν ἀνὰ πᾶν ἔτος καὶ ἑορτὴν χοὰς ἄγειν. καὶ ἐκ τούτου εὐθηνεῖτο τὰ τῆς Ἀττικῆς.*

77. Suda ι 544 *οὗτος τῆς εἰς Ἀθηναίους ὀργῆς καὶ τῆς ὕστερον ὠμότητος προΐσχετο αἰτίαν τὸν Ἱππάρχου φησὶ*

76 4–6 cp. Suda α 2108 et σ 974 **7–9** cp. Suda π 2678 **15–17** cp. Suda α 932 et χ 364 **16–17** cp. Suda ε 400

76 4–5 *σπῶσι τοῦ οἴνου* ante *ἄδην καὶ ἀπείρως* trans. Suda α 2108 **6** *εἰκῇ* om. Suda σ 974 **7** *καὶ … προσήκοντες* e Suda π 2678 **9** *ἀπέκτειναν* e Suda π 2678 *ἀπέκτεινε* mss. **14** *ἄκος* He **15** *καὶ* e Suda α 932 *ἐμπίπτει* G **16** *ἀδίκως* A **77 2** *φασὶ* Bern *θάνατον. καὶ πικρὸς ἐκ τούτων δεσπότης κάτω τοῦ χρόνου γενόμενος ὅμως οὐκ ἀπώνητο· ἤλασαν γοῦν οἱ Κεκροπίδαι αὐτόν. ὁ δὲ ἐκπεσὼν τῆς πατρίδος ἐπήγετο τοὺς Πέρσας* 5 *συμμάχους, ὁρῶν ὃν εἶχεν ἔρωτα Δαρεῖος τῆς Ἀττικῆς, διὰ τὴν ἄτοπον ἐκείνην σπουδήν, ἵνα τὰ σῦκα τὰ Ἀττικὰ μὴ ἐν ἐλευθέρᾳ γῇ ἔτι, ἀλλὰ δούλῃ γένηται τῇ ἐκείνου. ἰὼν μὲν οὖν ὅδε Ἱππίας ἐπὶ τὴν ἑαυτοῦ πατρίδα σὺν τοῖς Πέρσαις καὶ ἐκπλήττων τοὺς βαρβάρους μέγα ἔπταρε, καὶ ἅτε* 10 *γέρων ἤδη εἶχε τοὺς ὀδόντας κραδαινομένους. ἐκ τοίνυν τῆς βίας εἷς ὀδοὺς ἐξεκρούσθη καὶ κατώλισθεν εἰς τὴν ψάμμον καὶ εὑρεθῆναι ἀδύνατος ἦν. ἐπεὶ δὲ ἡττήθησαν οἱ βάρβαροι, φεύγων αὖθις εἰς Λῆμνον ἀφικνεῖται καὶ κάμνει νόσῳ καὶ τὴν ὄψιν τυφλοῦται, αἵματος ἐπιρρεύσαντός οἱ* 15 *διὰ τῶν ὀφθαλμῶν, καὶ ἀλγεινῶς ἀπέθανε, δίκας ταύτας δοὺς τῇ πατρίδι, ἐπεὶ τοὺς βαρβάρους ἦγεν ἐπὶ καταδουλώσει αὐτῆς, μηνῖσαί τε τοὺς πατρίους θεούς.*

78a. SUDA *α* 1410 *αἵ τε νῆες, ἃς ἐπήξαντο ἐκ τῶν Ὀλυμπιακῶν ἀλσέων καὶ τοῦ χώρου τοῦ τῷ Διῒ κομῶντος, κατεσάπησαν.*

78b. SUDA *ε* 947 *ἔμβολά τε νηῶν γενόμενοι οὐδὲν ὤνησαν οἱ ἀνδριάντες.* 5

79. EUST. in Il. *ω* 4.908 *φέρεται δὲ μῦθος καὶ ὅτι Μέροψ Κῷος ἀπαύστως τὴν γυναῖκα πενθῶν θανοῦσαν, ξενίσας Ῥέαν μετεβλήθη εἰς ἀετὸν. καὶ σύνεστιν ἀεὶ τῷ Διΐ. Αἰλιανὸς μέντοι λῃστήν ποτε γενόμενον μεταβληθῆναι εἰς ἀετὸν λέγει. διὸ καὶ γαμψώνυχον μὲν εἶναι θηρατικόν, ἐν* 5

4 *ἀπώνατο* V **9** *ὅδε*] *ὁ* I *ὅδε ὁ* Bern **10** *ἐκπλίττων* Bern *ἐξελίττων* He **17** *ἐπειδὴ* V **78 2** *Ὀλυμπικῶν* AM

γήρᾳ δὲ ἀχρειοῦσθαι τὸ ῥάμφος τῇ ἄγαν ἐπικάμψει, καὶ ἔχει ποινὴν τῆς ποτὲ θηριωδίας τὸν ἐν γήρᾳ λιμόν, ἤδη δὲ καὶ τὸν ἐκ κανθάρων πόλεμον, ὡς εὐθὺς μετ' ὀλίγα ῥηθήσεται.

80a. SUDA κ 1066 *κατηύχοντό τε τοὺς ταῦτα δρῶντας ἀχώρους τε καὶ ἀτάφους κυσὶ καὶ ὄρνισιν ἐκριφῆναι καὶ τὰς ψυχὰς αὐτῶν μὴ ὑποδέξασθαι σὺν εὐμενείᾳ,*

80b. SUDA ε 1982 *ἀλλ' ἐπαρτῆσαι τὰς δι' αἰῶνος*
5 *τιμωρίας αὐτοῖς.*

80c. SUDA κ 1015 *αἱ δὲ κατευξάμεναι τὸν χῶρον πάντα ἐκεῖνον Λακωνικῷ αἵματι ἐπικλυσθῆναι ἑαυτὰς ἀπέσφαξαν.*

81a. SUDA η 431 *ὁ δὲ ἐκέλευε παρὰ τῷ ἠπηνημένῳ πολλῷ πλείονα μισθὸν κομίζεσθαι.*

81b. SUDA α 4363 *ταῦτά τοι οἱ Διόσκουροι οὐκ ἠτίμασάν οἱ φανῆναι πάλιν.*

5 **81c.** SUDA κ 985 *καὶ παραχρῆμα ἡ οἰκία κατεσείσθη πρηνής.*

82. SUDA ο 605 *ἀναπαυομένων καὶ ὁρμιζομένων τὴν τελευταίαν ὅρμισιν τὸ θεῖον οὐκ ἀμελεῖ τῶν καλῶν τε καὶ ἀγαθῶν ἀνδρῶν.*

80 3 cp. Suda ε 1982

80 1 τε] *τότε* V **81** 1 *τῷ ἠπηνομένῳ* A *τῷ ἠπονημένῳ* V *τῶν ἠπηνημένων* Toup He *πολλῷ* Bern *πλοίῳ* A *πλείω* cett. 3 *Διόσκοροι* He **82** 2 *ὅρμησιν* GFS et ante corr. A et M

83. SUDA α 4112 *ὅτι τῶν σπουδαίων οὐδὲ θανόντων οἱ θεοὶ λήθην τίθενται. Ἀρχίλοχον γοῦν ποιητὴν γενναῖον τἄλλα, εἴ τις αὐτοῦ τὸ αἰσχροεπὲς καὶ τὸ κακορρῆμον ἀφέλοι, καὶ οἱονεὶ κηλῖδα ἀπορρύψαι, ὁ Πύθιος ἠλέει, τεθνεῶτα καὶ ταῦτα ἐν τῷ πολέμῳ, ἔνθα δήπου ξυνὸς Ἐνυάλιος. καὶ ὅτε ἧκεν ὁ ἀποκτείνας αὐτόν, Καλώνδας μὲν ὄνομα, Κόραξ δὲ ἐπώνυμον, τοῦ θεοῦ δεόμενος ὑπὲρ ὧν ἐδεῖτο, οὐ προσήκατο αὐτὸν ἡ Πυθία ὡς ἐναγῆ, ἀλλὰ ταῦτα δήπου τὰ θρυλούμενα ἀνεῖπεν. ὁ δὲ ἄρα προεβάλλετο τὰς τοῦ πολέμου τύχας, καὶ ἔλεγεν ὡς ἧκεν ἐς ἀμφίβολον ἢ δρᾶσαι ἢ παθεῖν ὅσα ἔπραξε, καὶ ἠξίου μὴ ἀπεχθάνεσθαι τῷ θεῷ, εἰ τῷ ἑαυτοῦ δαίμονι ζῇ, καὶ ἐπηρᾶτο ὅτι μὴ τέθνηκε μᾶλλον ἢ ἀπέκτεινε. καὶ ταῦτα ὁ θεὸς οἰκτείρει καὶ αὐτὸν κελεύει ἐλθεῖν εἰς Ταίναρον, ἔνθα Τέττιξ τέθαπται, καὶ μειλίξασθαι τὴν τοῦ Τελεσικλείου παιδὸς ψυχήν, καὶ πραῢναι χοαῖς. οἷς ἐπείσθη, καὶ τῆς μήνιδος τῆς ἐκ τοῦ θεοῦ ἐξάντης ἐγένετο.*

84a. SUDA τ 636 *ἀποθανόντων τῶν ἀγαθῶν ἀνθρώπων ὁ θεὸς τίθεται πρόνοιαν καὶ ὤραν καὶ τιμωρεῖ τοῖς ἀδίκως ἀνῃρημένοις. λέγει γοῦν Χρύσιππος ἐν Μεγάροις καταχθῆναί τινα, χρυσίου ζώνην πεπληρωμένην ἐπαγόμενον. ἀπέκτεινε δὲ ἄρα αὐτὸν πανδοκεὺς ὁ ὑποδεξάμενος ὀψισθέντα, ἐποφθαλμίσας τῷ χρυσίῳ· εἶτα ἔμελλεν ἐκκομίζειν ἐφ' ἁμάξης ἀγούσης κόπρον, ὑποκρύψας ἐν ταύτῃ τὸν πεφο-*

84 4–5 cp. Suda ο 1083 **4–6** cp. Suda ε 2821

83 3 *αἰσχροπρεπὲς* V **4** *ἀπορρύψειεν* He **9** *ἀνεῖλεν* He **9–10** *προσεβάλλετο* AGI **14** *Τέττιγξ* A **15** *Πελεσικλείου* A **84 1** *τῶν* del. Bern *ἀγαθῶν* om. F **6** *ἐποφθαλμιάσας* Bern

νευμένον. ἡ τοίνυν ψυχὴ τοῦ τεθνεῶτος ἐφίσταται Μεγαρεῖ τινι καὶ λέγει ὅσα τε ἔπαθε καὶ ὑφ' ὅτου καὶ ὅπως ἐκκο-
10 *μίζεσθαι μέλλοι καὶ κατὰ ποίας πύλας· ὁ δὲ οὐκ ἤκουσε ῥᾳθύμως τὰ λεχθέντα, κνεφαῖος δὲ διαναστὰς καὶ παραφυλάξας τοῦ ζεύγους ἐπελάβετο καὶ ἀνίχνευσε τὸν νεκρόν. καὶ ὁ μὲν ἐτάφη, ὁ δὲ ἐκολάσθη.*

84b. SUDA *κ* 511 *ὁ δὲ εἴς τινος πανδοκέως ἐλθὼν*
15 *ἠξίου τυχεῖν καταγωγῆς· ὁ δὲ ἐδέξατο καὶ πῦρ ἐξέκαυσε.*

84c. SUDA *σ* 1289 *χειμῶνος ὥρα ἦν καὶ τὸ πῦρ ἐξέκαυσε τῇ ὥρᾳ σύγκαιρον.*

84d. SUDA *ζ* 141 *καί πως τὴν ζώνην τοῦ χρυσίου, ἣν ἐπήγετο ὁ ξένος, ὁ πανδοκεὺς ἐθεάσατο καὶ παραχρῆμα*
20 *ἐποφθαλμιᾷ.*

84e. SUDA *ε* 2821 *ὁ δὲ ἰδὼν τὸ χρυσίον ἐποφθαλμιᾷ τῷ ἀνθρώπῳ.*

84f. SUDA *κ* 1414 *ἐξήγαγεν ἐκ τῆς ζώνης τοὺς χρυσοῦς δαρεικούς, κατακερματίσαι θέλων καὶ διαλύσασθαι τῷ*
25 *πανδοκεῖ.*

84g. SUDA *κ* 942 *εἰς τὸ δωμάτιον, οὗ δὴ κατέλυε, γεγονότα.*

84h. SUDA *α* 2854 *ἐπεὶ δὲ ἀωρία ἦν, ὁ μὲν ἐπὶ τὸν φόνον ὑπεθήγετο.*

11–12 cp. Suda *κ* 1860

11–12 *περιφυλάξας* A **12** *ζεύγους*] *τῶν βοῶν* add. Suda *κ* 1860 **16** *τὸ* om. A **19** *ἐπείγετο* GITFVM **23** *τοὺς*] *αὐτ*^ **29** *φόνον*] *φόβον* M

84i. SUDA κ 1054 *ἐπιρρήγνυται βροντὴ βιαιοτάτη, καὶ τὸ πανδοκεῖον κατηρράχθη.* 30

85a. SUDA π 2026 *καὶ τὸν δράκοντα τὸν ἐκ τῆς θείας πομπῆς ἥκοντα.*

85b. SUDA μ 1027 *ὁ δὲ δράκων προελθὼν ἄρα τοῦ ἀδύτου τό τε αἷμα αὐτῶν ἐξελιχμήσατο καὶ ἐκάθηρε τὰς πληγάς, ἵνα μήποτ' ἄρα τοῦ λύθρου μιαροὶ βλέπωνται.* 5

85c. SUDA σ 933 *ὁ δὲ δράκων ταῖς σπείραις τοὺς νεκροὺς συναγαγὼν ἐφύλαττεν ἀπαθεῖς, ὡς ἂν μήτε τι τῶν χερσαίων μήτε μὴν τῶν πτηνῶν ἐπὶ λύμῃ προσέλθοι.*

86. SUDA κ 2098 *δύο συγγραφέε Ῥωμαίων ἤστην, Τῖτος Λίβιος, οὗ διαρρεῖ πολὺ καὶ κλεινὸν ὄνομα, καὶ Κορνοῦτος. πλούσιον μὲν οὖν ἀκούω καὶ ἄπαιδα τοῦτον, σπουδαῖον δὲ οὐδὲν ὄντα. τοσαύτη δὲ ἦν ἡ διαφορότης ἐς τούσδε τοὺς ἄνδρας τῶν ἀκροωμένων, ὡς τοῦ μὲν* 5 *Κορνούτου παμπλείστους ἀκούειν, θεραπείᾳ τε καὶ κολακείᾳ τοῦ ἀνδρὸς συρρέοντας καὶ διὰ τὴν ἀπαιδίαν ἐλπίδι κληρονομίας· τοῦ γε μὴν Λιβίου ὀλίγους, ἀλλὰ ὧν τι ὄφελος ἦν καὶ ἐν κάλλει ψυχῆς καὶ ἐν εὐγλωττίᾳ. καὶ ταῦτα μὲν ἐπράττετο. ὁ χρόνος δὲ ὁ ἄπρατός τε καὶ ἀδέ-* 10 *καστος καὶ ἡ τούτου φύλαξ καὶ ὀπαδὸς καὶ ἔφορος ἀλήθεια, μήτε χρημάτων δεόμενοι, μηδὲ μὴν ὀνειροπολοῦντες*

86 2 cp. Suda δ 728 **3–4** cp. Suda σ 970 **8–9** cp. Suda ο 995 **10–12** cp. Suda ο 440

31 *κατηράχθη* He **85** 7 *τι* om. V **8** *μὴν*] *τι* G om. A *προσέλθῃ* GV **86** 1 *δύο* FMV *συγγρασφέες* V *Ῥωμαίων* om. V *Ῥωμαίω* Chalc **4** *δὲ*] *δ' ἐς* Valck **9** *εὐγλωττίᾳ*] *παιδείας* add. He e Suda ο 995 **10** *τε* om. V **12** *μηδὲ*] *μήτε* He

ἐκ κλήρου διαδοχήν, μήτ' ἄλλῳ τῳ αἰσχρῷ καὶ κιβδήλῳ τε καὶ καπήλῳ καὶ ἥκιστα ἐλευθέρῳ ἁλισκόμενοι, τὸν μὲν
15 *ἀνέφηναν καὶ ἐξεκάλυψαν, ὥσπερ κεκρυμμένον θησαυρὸν καὶ κεχανδότα πολλὰ καὶ ἐσθλά, τὸ τοῦ Ὁμήρου, τοῦτον τὸν Λίβιον· τοῦ δὲ πλουσίου καὶ μέντοι καὶ περιρρεομένου τοῖς χρήμασι λήθην κατεχέαντο τοῦ Κορνούτου. καὶ ἴσασιν ἤ τις ἢ οὐδεὶς αὐτόν.*

87a. Suda ε 1720 *καὶ ἑώρων φάσμα τὸ μέγεθος ἐξῆκον πέρα καὶ ἀνωτέρω τοῦ ἱστοῦ.*

87b. Suda ε 2498 *ὁ δὲ περιαλγῶν ἐπὶ τῇ προρρήσει ἦν δῆλος, ἐπὶ ξυροῦ τε ἀκμῆς, τὸ λεγόμενον, ὁ τούτου κίν-*
5 *δυνος ὤν, οἵ τε ναῦται καὶ ὅσοι περίνεοι οὐκ ἀνεξόμενοι τῆς τούτου μελλήσεως δῆλοι ἦσαν.*

87c. Suda σ 637 *οἱ ἄνεμοι οἱ σκληροί τε καὶ ἐχθροὶ παραχρῆμα ἐκόπασαν, καὶ τὸ κῦμα ἐστορέσθη·*

87d. Suda ε 3230 *πνεῦμα δὲ κεκριμένον κατὰ πρύμναν*
10 *ἐπέρρει καὶ τὰ ἱστία ἐπλήρου.*

88a. Suda ο 677 *ἰνδάλματα εἰκασμένα κυσὶν ἔκ τινος θείας ὁρμῆς τοῦτον ἐπιπηδήσαντα, οἰκτρῶς ὅσα ἰδεῖν διέξυεν.*

88b. Suda ει 45 *ἦν δὲ ἄρα εἴδωλα ταῦτα ὧνπερ οὐ*
5 *μετὰ μακρὸν ἔμελλε πείσεσθαι ὁ δυστυχὴς νεκρὸς ἐκείνου.*

87 **5–6** cp. Suda π 1204 **8** cp. Suda ε 3230

13–14 *μητ' ... ἁλισκόμενοι* om. V **15** *καὶ ἐξεκάλυψαν* om. V **18** *κατέχεαν* Valck **18–19** *καὶ ... αὐτόν* om. V **87** **4** *δειλὸς* A **5** *ἀνεξήμενοι* A **88** **2–3** *διέξυεν* Chalc *διέξηεν* mss. *ἴσως διέξηνεν* M supra scripta **4** *οὐ*] *τοῦ* V **5** *μικρὸν* B

89. Suda κ 1714 *καὶ Κλέαρχος ὁ Ποντικὸς νέος ὢν εἰς*
Ἀθήνας ἀφίκετο ἀκοῦσαι Πλάτωνος. καὶ λέγων φιλοσοφίας
διψῆν, ὀλίγα οἱ συγγενόμενος (ἦν γὰρ θεοῖς ἐχθρὸς) ὄναρ
ὁρᾷ ὅδε ὁ Κλέαρχος γυναῖκά τινα λέγουσαν πρὸς αὐτόν·
'ἄπιθι τῆς Ἀκαδημίας καὶ φεῦγε φιλοσοφίαν· οὐ γάρ σοι 5
θέμις ἐπαυρέσθαι αὐτῆς· ὁρᾷ γὰρ πρός σε ἔχθιστον.' ὧν
ἀκούσας ἐπάνεισιν εἰς τὴν στρατείαν. φθόνῳ δὲ ἐπικλυ-
σθεὶς ἐκπλεῖ τῆς οἴκοθεν καὶ φυγὰς ἀλώμενος ἔρχεται
πρὸς Μιθριδάτην καὶ στρατοπεδευόμενος παρ' αὐτῷ ἐπῃ-
νεῖτο. οὐ μὴν μετὰ μακρὸν ἐκπίπτουσιν οἱ Ἡρακλεῶται εἰς 10
στάσιν βαρεῖαν· εἶτα ἐπανελθεῖν εἰς φιλίαν καὶ συμβάσεις
βουλόμενοι προαιροῦνται ἔφορον τῆς αὖθις ὁμονοίας τὸν
Κλέαρχον. ἐπειδὴ δὲ κλητὸς παρεγένετο, καταλύσας ἔν
τινι τῶν σταθμῶν τῶν διὰ τῆς ὁδοῦ ὄναρ ὁρᾷ παλαιὸν
Ἡρακλεωτῶν τύραννον, Εὐωπίονα ὄνομα, λέγοντα αὐτῷ 15
ὅτι 'δεῖ τυραννῆσαί σε τῆς πατρίδος'. προσέταττε δὲ καὶ
οὗτος φιλοσοφίαν φυλάττεσθαι αὐτόν. ὑπεμνήσθη καὶ τού-
των τοίνυν ἐκ τῆς προρρήσεως τῆς Ἀθήνησιν. ἐγκρατὴς δ'
οὖν τῶν κοινῶν γενόμενος ὠμότατός τε ἦν καὶ εἰς ὑπερο-
ψίαν ἐξαφθεὶς ἄμαχον, τοῦ μὲν ἔτι ἄνθρωπος εἶναι κατε- 20
φρόνει· προσκυνεῖσθαι δὲ καὶ ταῖς τῶν Ὀλυμπίων γεραίρε-
σθαι τιμαῖς ἠξίου καὶ στολὰς ἤσθητο θεοῖς συνήθεις καὶ

89 5–6 cp. Suda ε 1994 **10–13** cp. Suda ε 3953 **19–21** cp. Suda α 1514

89 3 *συγγινόμενος* GM **5** *Ἀκαδημείας* He **6** *ἐπαυρέσθαι*] *ἀπολαῦσαι* V supra scripto **7** *εἰς*] *πρὸς* V *στρατείαν*] *Θρᾳκίαν* vel *Ἡρακλείαν* Hemst *φθόνῳ*] *φόνῳ* Bern **10** *Ἡρακλειῶται* AG **12** *βουλόμενοι* GVM **13** *ἐπεὶ* V *κληθεὶς* Chalc *παρεγίνετο* Bern **14** *πάλαι* GVM *τὸν πάλαι* Kust **15** *Εὐώπιον* V **18** *τοίνυν* om. V *δ'* del. He **19** *εἰς* om. G **21** *δὲ* om. V

τοῖς ἀγάλμασι τοῖς ἐκείνων ἐπιπρεπούσας· τόν τε υἱὸν τὸν ἑαυτοῦ Κεραυνὸν ἐκάλεσεν. ἀπέκτεινε δὲ αὐτὸν πρῶτον
25 μὲν ἡ Δίκη, εἶτα ἡ χεὶρ ἡ Χιόνιδος· ὅσπερ οὖν ἦν ἑταῖρος Πλάτωνος καὶ χρόνον διήκουσεν αὐτοῦ, καὶ τὸ μισοτύραννον ἐκ τῆς ἐκείνου ἑστίας σπασάμενος ἠλευθέρωσε τὴν πατρίδα. κοινωνὼ δέ οἱ τῆς καλῆς πράξεως γενέσθαι λέγονται Λεωνίδης τε καὶ Ἀντίθεος, φιλοσόφω καὶ τώδε
30 ἄνδρε. ὅπως δὲ ἔδωκε δίκας ἀνθ' ὧν ἐτόλμησεν εἴρηται.

90a. SUDA ε 2461 ἐπὶ μέγα τρυφῆς προελθόντες οἱ Συβαρῖται καὶ πλούτου ἐπὶ μέγα ἥκοντες ἑαυτοῖς καὶ ἄλλοις ἐδόκουν ἀξιόζηλοι εἶναι.

90b. SUDA κ 915 πυθόμενοι δὲ ταῦτα οἱ Συβαρῖται κα-
5 τέγραφον ἑαυτοῖς εὐδαιμονίαν δι' αἰῶνος. μὴ γὰρ ἂν ἐκπλεύσειν τῶν φρενῶν ἐς τοσοῦτον, ὡς ἀνθρώπους προτιμῆσαί ποτε θεῶν.

90c. SUDA τ 805 καὶ νόμον ἔθεντο, εἰ τοιοῦτοι γένοιτο ὑπὸ τῷ τοσούτῳ θεῷ, εὐδαιμονίαν εἶναι καταγράφοντες
10 κοινήν.

90d. SUDA οι 2 ὁ δὲ ὁρῶν οἷ κακοῦ εἴη, ἐπὶ τὸν τάφον τοῦ γειναμένου καταφεύγει.

91. SUDA ει 45 κελεύει ἡ Πυθία εἴδωλόν τε πεπλασμένον εἰς ὄψιν γυναικὸς μετέωρον ἐξαρτᾶν· καὶ ἀνερρώσθη ἡ πόλις.

90 5–7 cp. Suda ε 578

23 ἐπιτρεπούσας V **24** δὲ del. He **25** ἡ alt. om. A Χίωνος Chalc **26** διήκουεν G ἤγουν καθητεύθη V supra scripto **27** οἰκίας V supra scripto παυσάμενος GVM **90 4** δὲ] γὰρ V **9** τῷ om. V **11** κακούων V

92a. SUDA *κ* 156 *ἀνὴρ Εὐφρόνιος, κακοδαίμων ἀνήρ, καὶ ἔχαιρεν ἐπὶ ταῖς Ἐπικούρου φλυαρίαις καὶ ἐξ ἐκείνων κακὰ εἰρύσατο δύο, ἄθεός τε καὶ ἀκόλαστος εἶναι.*

92b. SUDA *τ* 680 *ὁ δὲ ἐν τοσούτῳ κακῷ ὢν οὐκ ἐπελάθετο τῆς βδελυρᾶς ἐκείνης καὶ ἀθέου συγγραφῆς, ἣν ὁ* 5 *Γαργήττιος, ὥσπερ οὖν τὰ ἐκ Τιτανικῶν σπερμάτων φύντα, τῷ βίῳ ⟨τῶν ἀνθρώπων κηλῖδα⟩ προσετρίψατο.*

92c. SUDA *α* 4173 *ὁ δὲ ἀθλίως νόσῳ (περιπνευμονίαν καλοῦσιν Ἀσκληπιαδῶν παῖδες αὐτήν) πιεζόμενος τὰ μὲν πρῶτα ἐδεῖτο τῆς ἀνθρώπων ἰατρικῆς ⟨καὶ ἐκείνων ἤρ-* 10 *τητο.⟩*

92d. SUDA *β* 278 *τῆς τῶν ἰατρῶν ἐπιστήμης βιαιότερον ἦν τὸ νόσημα.*

92e. SUDA *ε* 3116 *ἐπεὶ τοίνυν ὑπὲρ τῶν ἐσχάτων ἐσάλευεν ἤδη, κομίζουσιν αὐτὸν οἱ προσήκοντες ἐς Ἀσκλη-* 15 *πιοῦ.*

92f. SUDA *κ* 518 *καὶ καταδαρθόντι οἱ τῶν τις ἱερέων ἐδόκει λέγειν μίαν εἶναι σωτηρίας ὁδὸν τῷ ἀνδρὶ καὶ ἓν τῶν ἐφεστώτων κακῶν φάρμακον·*

92g. SUDA *α* 1851 *εἴπερ οὖν τὰ Ἐπικούρου βιβλία κα-* 20 *ταφλέξας, καὶ τῶν ἀθέων τε καὶ ἀσεβῶν καὶ ἐκτεθηλυμμένων στιγμάτων τὴν σποδὸν ἀναδεύσει κηρῷ ὑγρῷ, καὶ ἐπι-*

92 2–3 cp. Suda *ει* 215 **6–7** cp. Suda *κ* 1511 **7** cp. Suda *π* 2653 **9–10** cp. Suda *η* 558 **20–24** cp. Suda *κ* 520 **20–23** cp. Suda *σ* 1104

92 5 *ἣν*] *ἧς* Pors **6** *Γαργίττιος* AVM e corr. **7** *τῶν ἀνθρώπων κηλῖδα* e Suda *κ* 1511 et *π* 2653 **10–11** *καὶ ἐκείνων ἤρτητο* e Suda *η* 558 **18** *λέγων* M e corr. **22** *σποδὴν* I *σπόνδην* T *σπούδην* SM πλασάμενος τὴν νηδὺν καὶ τὸν θώρακα πάντα καταδήσει ταινίαις.

25 **92h.** Suda ο 274 ὁ δὲ ὅσα ἤκουσε τοῖς οἰκείοις ὁμολογεῖ, καὶ ἐκεῖνοι περιχαρείας αὐτίκα ὑπεπλήσθησαν

92i. Suda ε 715 τῷ μὴ ἐκφρησθῆναι ἐκφαυλισθέντα καὶ ἀτιμασθέντα ὑπὸ τοῦ θεοῦ αὐτόν.

92k. Suda ε 1143 καί τινα ἐξ αὐτοῦ διδασκαλίαν ἐναυ-
30 σάμενοι κᾆτα ἐμιμήσαντο ἐς τὸ εὖ καὶ καλῶς.

93a. Suda α 968 φιλοχρημάτω τε ἤστην καὶ ἡδονῶν ἀκράτορε.

93b. Suda α 4595 καὶ τὸν τρόπον ἀφειδεστάτω ἤστην καὶ φονικωτάτω.

5 **93c.** Suda υ 456 ὑποβλήτους ἂν εἶπέ ⟨τις⟩ αὐτοὺς εἶναι καὶ νόθους ἄντικρυς. ἀνέπλησαν δὲ τὴν ἑαυτῶν πατρίδα πολλῶν κακῶν.

93d. Suda ε 2769 ἀνθ' ὧν τὰ ἐπίχειρα ἠνέγκαντο ἀλλήλοις πρεπωδέστατα.

10 **93e.** Suda α 905 ἐν ἀκμῇ τοῦ κακοῦ μνήμη τις εἰσῆλθε τῶν Σαμοθρᾴκων· καὶ γὰρ οὖν τετελεσμένω αὐτοῖς ἤστην.

93f. Suda θ 164 καὶ ἐν ἑαυτοῖς θεοκλυτοῦντες ἅμα καὶ τῶν ὀργίων ἐμέμνηντο.

23–24 cp. Suda τ 208 **26** cp. Suda ε 715 **27–28** cp. Suda ει 254 **93 5–6** cp. Suda α 2673

93 1 φιλοχρημάτων AGIT **4** φοινικωτάτω IFV **5** τις e Suda α 2673 **12** ἑαυτοῖς] ἀδύτοις Toup

94. Suda α 4610 *ὁ δὲ ὄναρ εἶδε τοὺς ὀφθαλμοὺς ἐξορύττεσθαι, καὶ ἠντιβόλει ῥυόμενος τὴν πήρωσιν τῆς ὄψεως, λέγων, 'ἀφίξομαι ὑμῖν δύο ἡμερῶν ὕστερον.' οὐδὲ ἐψεύσατο. ἀνῃρέθη γοῦν μετὰ τοσαύτας ἡμέρας.*

95a. Suda δ 814 *τοῦτον οὖν ὁμόδουλος κύων ὑπέρ τινος παραπεσόντος ἐδέσματος οἰηθεῖσά οἱ διαφέρεσθαι, προσπαίζοντος ἄλλως.*

95b. Suda κ 2705 *ἡ δὲ ἠγανάκτησε καὶ κυνηδὸν ὑποπλησθεῖσα τοῦ θυμοῦ, τοῖς ὀδοῦσιν ἐμφῦσα εἰς τὸ σκέλος, εἶτα μηδὲν ἀδικοῦντα χωλὸν εἰργάσατο.* 5

96. Suda ε 3235 *τοῦτον οὖν πλευρῖτις νόσος περιλαβοῦσα ἐστρέβλου δεινῶς.*

97. Suda γ 136 *ἔνθεν οἱ καὶ τὸ ἀρρώστημα ἦν τὴν γένεσιν λαβόν.*

98. Suda ζ 122 *ὑπὲρ δὴ τούτων τούτῳ ζωάγρια ἀποδιδούς, ᾗπερ οὖν δυνατὸν ἦν.*

99. Suda α 4372 *ἐπεὶ τοίνυν ὑπ' ἀτολμίας οὗτος τῷ θεῷ ἠπείθησε, τῶν παρόντων παίδων οἵ φασι τὸν πρεσβύτην ἔργον τῆς παρούσης νόσου γενέσθαι.*

100. Suda ε 1545 *καὶ οἱ μὲν ἔδρασαν ταῦτα· εἶτα μέντοι ἐξάντεις γίνονται τοῦ κακοῦ.*

94 **3–4** *οὐδὲ ἐψεύσατο* ante *ὁ δὲ ὄναρ* trans. post *ὕστερον* Bern **95** **2** *ἐδέσματος* Chalc *ἐδέσματα* mss. **4** *ἠγανάκτησε* e Suda δ 814 *ἀγανακτήσασα* mss. **96** **1** *τοῦτον*] *μὲν* add. F *πλευρίτης* AIVM **97** **1** *οἱ*] *τοι* He **99** **2–3** *πρεσβύτην*] *πρεσβύτερον* Pors

101a. SUDA α 1117 *ἀλεκτρυόνα ἀθλητὴν Ταναγραῖον. ᾄδονται δὲ εὐγενεῖς οὗτοι.*

101b. SUDA α 4177 *ὃ δὲ ἐμοὶ δοκεῖν ὁρμῇ τῇ παρὰ τοῦ Ἀσκληπιοῦ ἐς τὸν δεσπότην ἀσκωλιάζων θάτερον τῶν*
5 *ποδῶν ἔρχεται, καὶ ὄρθριον ᾀδομένου τοῦ παιᾶνος τῷ Ἀσκληπιῷ ἑαυτὸν ἀποφαίνει τῶν χορευτῶν ἕνα, καὶ ἐν τάξει στὰς ὥσπερ οὖν παρά τινος λαβὼν χοροδέκτου τὴν στάσιν, ὡς οἷός τε ἦν συνᾴδειν ἐπειρᾶτο τῷ ὀρνιθείῳ μέλει, ⟨συνῳδόν τε καὶ συμμελὲς ἀναμέλπων.⟩*

10 **101c.** SUDA κ 2672 *ὁ δὲ ἀλεκτρύων ἑστὼς ἐπὶ θατέρου ποδὸς προὔτεινε τὸν λελωβημένον καὶ κυλλόν, ὥσπερ οὖν μαρτυρόμενος καὶ ἐμφαίνων οἷα ἐπεπόνθει.*

101d. SUDA ε 3136 *ὁ δὲ ἀλέκτωρ ὕμνει τὸν σωτῆρα, ᾗπερ οὖν ἔσθενε φωνῇ, καὶ ἐδεῖτο ἀρτίπουν θεῖναι αὐτόν.*

15 **101e.** SUDA β 444 *καὶ ὁ μὲν ἔδρασε τὸ προσταχθέν, ὁ δὲ ὄρνις πρὸ βουλυτοῦ ἐπ' ἀμφοῖν βαδίζων καὶ τὼ πτέρυγε κρούων καὶ βαίνων μακρὰ καὶ αἴρων τὸν τράχηλον καὶ τὸν λόφον ἐπισείων, οἷον ὁπλίτης γαῦρος, τὴν ἐς τὰ ἄλογα προμήθειαν ἀπεδείκνυτο.*

20 **101f.** SUDA α 1117 *ἀφίησι τῷ Ἀσκληπιῷ ἀνάθημά τε καὶ ἄθυρμα εἶναι, οἱονεὶ θεράποντα καὶ οἰκέτην περιπολοῦντα τῷ νεῷ τὸν ὄρνιν, ὁ Ἀσπένδιος ἐκεῖνος.*

101 7–8 cp. Suda χ 407 **8–9** cp. Suda σ 1606

101 1 *ἀλεκτρυόνα*] *καὶ* add. Bern **9** *συνῳδόν … ἀναμέλπων* e Suda σ 1606 **19** *ἐπεδείκνυτο* He

102. SUDA ϑ171 *ὅτι Ἀσκληπιὸς καὶ τῶν ἐν παιδείᾳ ἦν προμηθής. φθόῃ γοῦν Θεόπομπον ⟨τὸν Ἀθηναῖον⟩ ῥινώμενόν τε καὶ λειβόμενον ἰάσατο καὶ κωμῳδίαις αὖθις διδάσκειν ἐπῆρεν, ὁλόκληρόν τε καὶ σῷν καὶ ἀρτεμῆ ἐργασάμενος. καὶ δείκνυται καὶ νῦν ὑπὸ λίθῳ Θεοπόμπου·* 5 *πατρόθεν ὁμολογοῦντος αὐτὸν τοῦ ἐπιγράμματος· Τισαμενοῦ γὰρ ἦν υἱός· εἴδωλον Παρίας λίθου. καὶ ἔστι τὸ ἴνδαλμα τοῦ πάθους μάλα ἐναργές, κλίνη καὶ αὐτὴ λίθου. ἐπ' αὐτῆς κεῖται νοσοῦν τὸ ἐκείνου φάσμα χειρουργίᾳ φιλοτέχνῳ· παρέστηκε δὲ ὁ θεὸς καὶ ὀρέγει οἱ τὴν παιώ-* 10 *νιον χεῖρα, καὶ παῖς νεαρὸς ὑπομειδιῶν καὶ οὗτος. τί δὲ ἄρα νοεῖ ὁ παῖς; ἐγὼ συνίημι τοῦ φιλοπαίστην ποιητὴν ὑποδηλοῦν· γελᾷ γὰρ καὶ τῆς κωμῳδίας τὸ ἴδιον διὰ συμβόλων αἰνίττεται. εἰ δὲ ἄλλος νοεῖ ἑτέρως, κρατείτω τῆς ἑαυτοῦ γνώμης, ἐμὲ δὲ μὴ ἐνοχλείτω.* 15

103. SUDA π823 *ὁ Ἀσκληπιὸς Παύσωνα καὶ Ἶρον κἂν ἄλλον τινὰ τῶν ἀπόρων ἰάσαιτο· ὀφθαλμὼ γάρ τις ἐνόσει. εἶτα ἐπιστὰς ὅδε λέγει· ὄξει λύσαντα κάπρου πιμελὴν κᾆτα ὑπαλείψασθαι. ὁ δὲ κοινοῦται τῷ συνήθει ἰατρῷ. ὁ δὲ ἐπειρᾶτο τὰς αἰτίας λέγειν· τὸ μὲν γὰρ ὑπορρεῖν τὸ οἴ-* 5 *δημα τῇ δριμύτητι, τὸ δὲ ἐπιλιπαίνειν καὶ ἡσυχῇ ὑποτρέφειν ὁ εἴρων ἔλεγε.*

102 1–3 cp. Suda φ505 **3–4** cp. Suda ε2201 **4–5** cp. Suda σ824 **5–8** cp. Suda π643 **103 1–2** cp. Suda α4173

102 2 *τὸν Ἀθηναῖον* e Suda φ505 **3** *κωμῳδία* V *κωμῳδίας* Chalc **7** *τὸ*] *τοι* Bern **103 1** *Ἀσκληπιὸς*] *ἔφορος τῆς ἰατρικῆς* add. Suda α4173 **2** *ἄσαιτο* **6–7** *ὑπορρεῖν*] *συστέλλειν* He **7** *ὁ εἴρων ἔλεγε* om. A *ἴρων* GM

104. Suda α 3893 *Ἀρίσταρχος Τεγεάτης, ὁ τῶν τραγῳδιῶν ποιητής, νοσεῖ τινα νόσον· εἶτα αὐτὸν ἰᾶται ὁ Ἀσκληπιὸς καὶ προστάττει χαριστήρια τῆς ὑγιείας. ὁ δὲ ποιητὴς τὸ δρᾶμα τὸ ὁμώνυμόν οἱ νέμει. θεοὶ δὲ ὑγιείας μὲν οὐκ*
5 *ἄν ποτε μισθὸν αἰτήσαιεν οὐδ' ἂν λάβοιεν. ἢ πῶς ἄν; εἴ γε τὰ μέγιστα ἡμῖν φρενὶ φιλανθρώπῳ καὶ ἀγαθῇ παρέχουσι προῖκα, ἥλιόν τε ὁρᾶν καὶ τοῦ θεοῦ τοῦ τοσούτου τῆς παναρκοῦς ἀμισθὶ μεταλαμβάνειν ἀκτῖνος, καὶ χρῆσιν ὕδατος καὶ πυρὸς συντέχνου μυρίας ἐπιγονὰς καὶ ποικίλας*
10 *ἅμα καὶ συνεργοὺς ἐπικουρίας, καὶ ἀέρος σπᾶν καὶ ἔχειν τροφὴν ζωῆς τὸ ἐξ αὐτοῦ πνεῦμα. ἐθέλουσι δὲ ἄρα ἐν τοῖσδε τοῖς μικροῖς μήτε ἀχαρίστους εἶναι μήτε ἀμνήμονας ἡμᾶς, καὶ ἐν τούτοις ἀμείνονας ἀποφαίνοντες.*

105. Suda ε 2323 *ἀνὴρ πρεσβύτης νοσῶν καὶ ἐπιθανὴς ὤν.*

106. Suda δ 1145 *ὅτι Διογένης εἶχεν ἐρῶντα παῖδα καὶ πικρὸς ὢν πατὴρ οὐ συνεγίνωσκε νέου ῥᾳθυμίᾳ, ἀλλὰ ἀνείργων αὐτὸν καὶ ἀναστέλλων τοῦ πόθου μᾶλλόν οἱ τὸ πάθος παρώξυνε. καὶ ἦν τοῦ κακοῦ δεινὴ ἐπίτασις· ἐξερρι-*
5 *πίζετο γὰρ ὁ ἔρως, ἐμποδὼν ἱσταμένου τοῦ Διογένους, καὶ ἐς τὴν παροῦσαν νόσον μᾶλλον ἐξήπτετο ὁ νέος. ἧκεν οὖν εἰς Δελφούς, ὡς ἑώρα φιλόνεικον ὂν τὸ κακόν, καὶ δυσανασχετῶν τε ἅμα καὶ περιαλγῶν ἐρωτᾷ εἴ οἱ πεπαύσεται*

104 **1–2** *τραγῳδιῶν* AF *τραγῳδῶν* cett. **2** *εἶτα*] *δὲ* add. M *εἶτα αὐτὸν ἰᾶται*] *καὶ ἰᾶται αὐτὸν* V **3,4** *ὑγιείας* He *ὑγείας* mss. **8** *παναλκοῦς ἀμιχθὶ* V **9** *συντέχνου*] *ἀτέχνου* GIT *παντέχνου* Hemst **106** **2** *ῥᾳθυμίαν* GI **3** *τοῦ* om. V **4** *δεινοῦ* V **7** *εἰς*] *ὡς* G **8** *ἐρωτᾷ* om. V *πεπαύσεται* Perizonius *πέπαυται* mss.

νοσῶν ποτε ὁ παῖς. ἡ δὲ, ὡς εἶδεν οὐ πάντη φρενήρη γέροντα οὐδὲ ἐρωτικαῖς συγγνώμονα ἀνάγκαις λέγει ταῦτα· 10

λήξει παῖς σὸς ἔρωτος, ὅταν κούφῃ νεότητι
Κύπριδος ἱμερόεντι καταφλεχθῇ φρένας οἴστρῳ.
ὀργὴν οὖν πρήϋνον ἀμειδέα μηδ' ἐπιτείνειν
κυλύων· πράσσεις γὰρ ἐναντία σοῖσι λογισμοῖς.
ἢν δέ γ' ἐφ' ἡσυχίην ἔλθῃς, λήθην τάχος ἕξει 15
φίλτρων καὶ νήψας αἰσχρᾶς καταπαύσεται ὁρμῆς.

ἀκούσας τοίνυν ὁ Διογένης ταῦτα τὸν μὲν θυμὸν κατεστόρεσεν, ἐλπίδος δὲ ὑπεπλήσθη χρηστῆς, ἔχων τῆς τοῦ παιδὸς σωφροσύνης ἐγγυητὰς ἀξιόχρεως· καὶ ἐν ταὐτῷ βελτίων ἐγένετο ὁ πατὴρ ἡμερωθείς τε καὶ πραϋνθεὶς τὸν τρόπον. τοῦτό τοι καὶ ὁ τραγικὸς Αἵμων ὁ τοῦ Σοφοκλέους 20 *ἀπεδείξατο τῆς Ἀντιγόνης ἐρῶν καὶ πικρῷ ζυγομαχῶν πατρὶ τῷ Κρέοντι· καὶ γάρ τοι καὶ ἐκεῖνος ὁμοίως ἐλαυνόμενος ξίφει πρὸς τὸν ἔρωτα καὶ τὸν πατέρα τὴν νόσον διελύσατο.*

107. Suda *α* 848 *ἀνὴρ ἦν ἐν τῇ Γαλεώτιδι, δεινὸς λύσεις τε νόσων εἰπεῖν καὶ ὥραν ἀκαιρίας ἀκέσασθαι, ἀγονίαις καὶ ἀκαρπίαις διά τινων ἱερουργιῶν ἐπινοῆσαί τε καὶ δοῦναι μεταβολὰς καί τινας εἰς εὐπορίαν ἀγαθὰς ὁδούς. τοῦτον ἐς Κρήτην ὁ Μίνως καλεῖ φασιν ἐπὶ δώροις, ἵνα* 5 *τοῦ Γλαύκου τὴν ὑμνουμένην ἀπώλειαν ἀνιχνεύσῃ.*

108a. Suda *ι* 172 *Συήνης Αἰγυπτίων βασιλεύς, δίκαιος πάνυ. ἕπεται δὲ τῷ τρόπῳ τοῦ ἀνδρὸς τοῦδε ἄλλα μὲν ἐκ*

106 13–14 cp. Suda *α* 1567 **108 1** cp. Suda *σ* 233

10 *ποτε*] *καὶ* add. A *πάντη*] *πάνυ τι* He **15** *δέ γ'* Gais *δ'* mss. **16** *φίλτρον* AM ante corr. **17** *μὲν* om. IV **20** *τοι*] *τι* A *μοι* V **108 1** *Σενύης* Suda *ι* 73 et *σ* 233

θεοῦ ἀγαθά, καὶ μέντοι καὶ ἱερογραμματέα ᾄδουσιν οἱ Αἰγύπτιοι λόγοι κατ' αὐτὸν γενέσθαι θεοφιλῆ τε καὶ ἐς 5 *πολλὰ λυσιτελῆ· ὄνομα αὐτῷ Ἰαχίμ· ὅν φασι περιάπτων καὶ ἐπαοιδῶν ἔμπειρον γενέσθαι.*

108b. SUDA ι 73 *οὗτος ἐγένετο Αἰγύπτιος, ἀνὴρ θεοφιλὴς καὶ ἐς πολλὰ λυσιτελής. ἦν δὲ ἐπὶ Σενύου βασιλέως Αἰγυπτίων, περιάπτων καὶ ἐπαοιδῶν ἀντίπαλος καὶ ἐν ταῖς* 10 *ὀδύναις καὶ νόσοις σοφιστὴς ἄκρος· ὃς λοιμῶν ἐπιδημίαν ἔσβεσε καὶ τὴν ἀμφὶ τὸν κύνα τὸν Σείριον πρωτίστην ἐπιτολὴν καὶ ὁρμὴν τὴν ἔμπυρον ἡμέρωσε τοῦ ἀστέρος. διὸ καὶ πολυτελῶς ἐτάφη. καὶ εἴ ποτε δημοσία νόσος ἐπεπόλασεν, ἐπὶ τὸν σηκὸν τοῦδε φοιτῶντες οἱ ἱερογραμματεῖς καὶ* 15 *τὰς δεούσας ἱερουργίας ἐπιτελοῦντες ἐκ τοῦ βωμοῦ πῦρ ἐναύονται, ἐξάπτοντες πυρὰς κατὰ πόλεις καὶ τοῦ δυσώδους ἀέρος τὴν φθοροποιὸν ἐκείνην νόσον μαραίνοντες καὶ κρατύναντες, τοῦτο δὴ τὸ καινότατον, τὴν νόσον ἔσβεσαν τῷ πυρί.*

109a. SUDA ω 150 *ἀνδρὶ ἐπιόρκῳ καὶ τὰ θεῖα ἐν μηδεμιᾷ ὥρᾳ τιθεμένῳ, ἀπάταις δὲ καὶ ψευδολογίαις συμβιοῦντι καὶ οὐδὲν οὐδέποτε λέγοντι ὑγιές καὶ ἐντεῦθεν πλουτοῦντι πλοῦτον ἐπίρρητον.*

10 cp. Suda σ 812 **10–12** cp. Suda σ 284 **13–19** cp. Suda ε 1136

5 *Ἰαχίω* V **9** *ἐπαοιδῶν*] *ἐπῳδῶν* V *ἀντίπαλα* GVM **10** *ἄκρως* M *ἐπιδημίας* Chalc **11–12** *ἐπιστολὴν* V **12** *τὴν ὁρμὴν τὴν* He e Suda σ 284 **14** *καὶ*] *εἶτα μέντοι* He e Suda ε 1136 **16** *ἐναύοντες* I *καὶ* add. M **18** *κρατύνοντες* GIM *λεπτύναντες* Suda ε 1136 **19** *τῷ* om. A
109 **2** *δὲ* om. GM **3** *λήγοντι* S

109b. SUDA ε 3894 *καὶ αὐτῷ τῶν συγγενῶν τινες ἐφήδοντο ὡς τὰ αὐτοῦ διαδεξόμενοι· ἐκείνῳ γὰρ μὴ εἶναι παῖδας, ἅτε ῥᾴθυμον βίον καὶ λάγνον τὸν εἰς ἑταίρας καὶ πότους προῃρημένῳ.* 5

109c. SUDA κ 1489 *καὶ ἄλλως αὐτοῦ παλλακίδι ἐπιμανεὶς ὡς ἤδη θεραπαίνῃ τὸν ἄθλιον ἐν νεκροῖς ἠρίθμουν. καὶ οἵγε κηδόμενοι τοῦ ἀνδρὸς ὠδύροντό τε αὐτὸν καὶ θεοὺς ἐκάλουν συμμάχους καὶ πρὸ πάντων Σάραπιν.* 10

109d. SUDA λ 818 *ὁ δὲ ἐδεῖτο τοῦ θεοῦ ἐπικουρῆσαί τε αὐτῷ καὶ λύκους κεχηνότας ἀναφῆναι τοὺς τὰ ἐκείνου ἑαυτοῖς καταγράφοντας, ἵνα μὴ αὐτὸς ὄφλῃ γέλωτα ἄλλοις, ἀλλ' ἐκεῖνοι αὐτῷ.* 15

109e. SUDA ε 1731 *καὶ οὐκ ἐξήμβλωτό οἱ ἡ ἐλπίς.*

109f. SUDA ι 372 *ὄψις οὖν ἰνδάλματος ἱεροῦ ὄναρ ἐπιστᾶσα λέγει ποιήσασθαι μεταβολὴν βίου.*

109g. SUDA α 2569 *ὁ δὲ τὰ ἄλλα ὢν ἀνόσιος τοῦτο γοῦν πείθεται τῷ θεῷ.* 20

110a. SUDA δ 1244 *ἐν τοῖς Ἕλλησι διώνυμοι κόλακες καὶ κεκηρυγμένοι περιηχοῦσιν ἡμᾶς, Κλείσοφοί τε καὶ Στρουθίαι καὶ Θήρωνες καὶ οἱ περὶ τὴν Διονυσίου βομβοῦντες τράπεζαν*

110 3–4 cp. Suda β 374

6 *ἐκεῖνο* A **8** *πότους*] *τόπους* F *προειρημένῳ* FMV **9** *ἄλλος* He *δειλαίως ἔκειτο* Bern **9–10** *παλλακίδι ... θεραπαίνῃ*] *τῇ παλλακίδι ἐπιπεριπλακείς. ὡς δὲ εἶδον οἱ θεραπευτῆρες* Bern **14** *ἀποφῆναι* He **15** *αὐτὸς* ex A solo *αὐτοῖς* cett. **17** *οἱ* om. A *ἡ* om. F **110** 2 *καὶ* pr. om. GI **3** *Στρουθία* AGI

5 **110b.** Suda β374 *καὶ ⟨οἱ⟩ περὶ τὴν Ἀλεξάνδρου μεμηνότες δαῖτα καὶ χεῖρα, καὶ ἄλλοι δὲ καὶ ἄλλοι ὧν εἶπον, Ὀρέστης, Μαρψίας, Καλλίου τοῦ Ἀθηναίου κόλακες σὺν ἑτέροις, καὶ ὅδε παρὰ Ῥωμαίοις Ἄλβιος ὄνομα.*

110c. Suda υ176 *Ἄλβιος ἐς τὴν ἱππάδα τελῶν, τὴν*
10 *Ἀντωνίου θεραπεύων καὶ ὑπαικάλλων ἅμα φάτνην.*

111a. Suda κ1762 *ἐπεὶ οἱ Ἕλληνες Κλεισόφους τε ᾄδουσι καὶ Θήρωνας καὶ Στρουθίας καὶ Χαιρεφῶντας, ἀνθρώπους ἐσθίειν εἰδότας εἰς κόρον καὶ δεινοὺς γαστέρα δέ, φέρε καὶ ἡμεῖς καί τι παίσωμεν, παρασίτου μνημονεύ-*
5 *σαντες ἡμεδαποῦ.*

111b. Suda ϑ431 *Ἰόρτιόν τε καὶ τοῦτον θῶπα ἰσχυρὸν ὑμνοῦσι.*

111c. Suda β488 *πολλὰ μὲν οὖν καὶ ἄλλα τῆς τούτου βωμολοχίας τε καὶ αἱμυλίας μαρτύρια διαρρεῖ, ἐν δὴ τοῖς*
10 *ἄρα καὶ ἐκεῖνοι.*

111d. Suda ε157 *ἐν τῷ συνδείπνῳ τῷ τοῦ Μαικήνα τράπεζα ἐγγώνιος ἦν ὑπὸ τῇ κλισίᾳ, τὸ μέγεθος μεγίστη καὶ κάλλος ἄμαχος· καὶ οἷα εἰκὸς ἐπῄνουν ἄλλοι ἄλλως αὐτήν. ὁ δὲ Ἰόρτιος οὐκ ἔχων ὅτι παρ' ἑαυτοῦ τερατεύσα-*
15 *σθαι, σιγῆς γενομένης 'ἐκεῖνο δὲ οὐκ ἐννοεῖτε, ὦ φίλοι*

5–6 cp. Suda δ1244 **9–10** cp. Suda α1901 et φ132 **111 1–4** cp. Suda δ340 **4–5** cp. Suda η288 **11–12, 16** cp. Suda μ321 **11–12, 14–17** cp. Suda ι423

5 *οἱ* e Suda δ1244 **111 3–4** *γαστέρα δέ*] *δὲ κατὰ γαστέρα* Bern e Suda δ340 **9** *δὴ*] *δὲ* Chalc **10** *ἐκεῖνο* Basil **11** *τῷ* alt. om. FMV *Μακήνα* AGIT **12** *ἐγκώνιος* A *ὑπὸ*] *ἐπὶ* V *κλισίᾳ*] *ἐκκλησίᾳ* A **14** *Ἰόρπιος* G *Ἰόρσιος* I **15** *σιγῆς*] *οἱ γῆς* V

συμπόται, ὡς στρογγύλη ἐστὶ καὶ ἄγαν περιφερής.' ἐπὶ τοίνυν τῇ ἀκράτῳ κολακείᾳ, ὡς τὸ εἰκός, γέλως κατερράγη.

112. Suda ι 444 *Ἰούνιος ὄνομα, εἰς τὴν ἱππάδα τελῶν, διὰ τὸ καὶ φαγεῖν ζῶν, συνήθης ἦν τρισὶ πλουσίοις, κοιλιοδαίμων τε καὶ ταγηνοκισοθήρας· βούλομαι γὰρ τὰ τῆς κωμῳδίας εἰς τοὺς τοιούτους εἰπεῖν, οὐδεμιᾷ μὰ τὸν ἀπειροκαλίᾳ· ὃς ἔνεμε τὴν γαστέρα ταῖς τρισὶ τραπέζαις,* 5 *καὶ τοσαύταις ἐπιπηδῶν τραπέζαις λύκου τινὸς δίκην ἢ ἰκτίνου ἢ ἁρπυίας, ἵνα τι καὶ παίσω.*

113. Suda α 3213 *Ἀπίκιος Μάρκος, οὗ διαρρεῖ μυρίον ὄνομα ἐπί τε ἀσωτίᾳ καὶ πολυτελείᾳ καὶ ῥᾳστωνεύσει βίου καὶ κακοδαιμοσύνῃ λοιπῇ. ὑπάτω δὲ ἤστην Ἰούνιος Βλαῖσος καὶ Λεύκιος· ὁ τοίνυν Βλαῖσος ἐπὶ τὴν θοίνην κληθείς, οἷον ἐφολκίδα ἄκλητον ἐπάγεται Ἀσκώνιον Παιδιανόν.* 5 *ἐξῆν γὰρ καὶ ἐπικλήτους οἱονεὶ σκιὰς ἑαυτοῖς παρακαλεῖν τινας. καὶ ἔδει τὸν Ἀπίκιον καὶ φίλοις καὶ ἀγνῶσι τὴν οὐσίαν ῥίπτειν τὴν ἑαυτοῦ. πέπυσμαι δὴ ἐν τῷδε τῷ συνδείπνῳ γενέσθαι καὶ Ἰσίδωρον ὄνομα, τῶν ἐκ παλαίστρας κατατριβέντων, ἄνδρα παλαιὸν μὲν ἤδη καὶ πολὺν μὲν τῷ* 10 *χρόνῳ, ἓν δὲ καὶ ἐνενήκοντα ἔτη γεγονότα, εὐπαγῆ τε καὶ εὐμελῆ, καὶ βαθὺν μὲν τὰς πλευράς, γενναῖον δὲ τὼ βρα-*

112 1–3 cp. Suda *φ* 8 et *τ* 11 **113** 3–4 cp. Suda *β* 326 4–7 cp. Suda *α* 4184 et *ε* 3945

16 *τριγγύλη* FV 17 *τῇ* om. GIT *κατερράγη*] *Πλούταρχος* add. mss. praeter FV **112** 3 *τε* om. A *ταγηνοκνισοθήρας* V *ταγηνοκιγοθήρας* cett. *γὰρ* om. V 5–7 *ἀπειροκαλίᾳ … παίσω* om. in lac. AB **113** 3 *Ἰούνιος*] *Ἰσύνιος* A 5 *Παδιανόν* Kust *Πεδιανόν* He *παιδίαν* mss. 12 *εὐμελῆ*] *εὐμενῆ* A

χίονε καὶ τὼ χεῖρε ἄκρω, βλέπειν τε ὀξὺ καὶ ἀκούειν ῥᾷ-
στα, ὡς μὴ ἂν πιστεύειν πέρα ἑξήκοντα ἐτῶν εἶναι αὐτόν,
15 *σκύφων δὲ πιτύλοις ἁμιλλᾶσθαι διαπίνοντα πρὸς τοὺς νέ-*
ους, καὶ μέντοι καὶ ὑπὲρ πολυδαισίας καὶ πολυποσίας ἐρί-
σαι καὶ νεάζειν ταῦτα. ἑνὶ δὲ ἡττηθῆναί φασιν αὐτόν·
ἀπελθεῖν γὰρ τοῦ συνδείπνου θᾶττον. γέροντες δὲ ἄλλοι τε
ἔλεγον ἐπὶ τέχνῃ παλαιστρικῇ καὶ μέντοι καὶ Ἰούνιος
20 *Βλαῖσος. καὶ ὅτε ταῦτα ἔλεγεν, ἔτη γέγονεν ἑξήκοντά*
φησι. μακρὸν δὲ τὴν ζωὴν γενέσθαι πέπυσμαι Σερουΐλιον
ὕπατον· ἔτεσι γὰρ τοῖς ἐνενήκοντα ὁμοῦ τε ἐβίωσε καὶ
πάντα, ὡς λόγος, τὰ τοῦ σώματος ἀπαθὴς ἦν, καὶ μέντοι
καὶ διεσώσατο τὰς αἰσθήσεις ἁπάσας εὐμοιρίᾳ ἀξιοζήλῳ τε
25 *καὶ σοβαρᾷ.*

114. SUDA *μ* 217 *Μάρκος Ἀπίκιος Ῥωμαῖος ὡς ἦν*
ἀσωτίας πέρας οὐδεὶς ἀντιφήσει· δοκεῖ δέ πως μεγαλο-
νοίας ἔργον ἐκεῖνο ἀποδείξασθαι ἐν αὐτοῦ. ἑστιῶντο ὁση-
μέραι, καὶ γὰρ ἔζη, φασί, τῇ γαστρὶ καὶ τοῖς ἐκείνης
5 *ἀκρατεστέροις. καί ποτε μεταξὺ θοιναζόντων, Φάβιος, τῶν*
ὑπατευκότων εἷς, λαβὼν ἔκπωμα κρυστάλλου μέγα τίμιον,
εἶτα ἄκων κατέαξεν αὐτό· καὶ ἐπὶ τούτῳ συννεφὴς ἦν,
ἄχει πληγεὶς τὴν ψυχήν. ὁ τοίνυν Ἀπίκιος πειρώμενος
αὐτὸν τῆς λύπης ἀπάγειν, 'οὐ καταβαλεῖς,' φησί, 'τὸ πρα-
10 *χθὲν καὶ σεαυτὸν ἡμῖν παρέξεις φαιδρότερον συμπότην; ἢ*

21–22 cp. Suda *σ*252

14 *ἂν*] *ἄν τι* V *ἄν τινα* Bern **15** *σκύφον* GITM *σκύθων* V *πιτύλοις* Pierson *ἐπὶ τύλοις* mss. **114 1** *ὡς*] *ὅς* GVM **3** *αὐτοῦ*] *αὐτῷ* GVM *εἰστιῶν* V *ἑστιῶν* Bern **4** *φασί* Kust *φησί* mss. *ἐκείνοις* V **8** *ἄχει*] *ἄχρι* A

σοὶ φίλῳ ὄντι τοῦτο δρᾶσαι οὐκ ἐξέσται, ὅπερ οὖν δρῶσι καὶ τῶν οἰνοχόων καὶ τῶν ἀργυρωνήτων πολλοὶ πολλάκις;'

115a. SUDA α2762 *ὅτι Ἀντώνιος Σατορνῖνος, ἐπίρρητος καὶ βδελυρός, παρὰ Οὐεσπασιανοῦ ἐς τὴν βουλὴν ἐνεγράφη, Οὐεσπασιανοῦ σοφισαμένου γελοιότατα τοῦτο. ἀξιώσει γὰρ αὐτὸν περιέβαλε κακίᾳ δοὺς ἀκερδὲς μέν, σεμνὸν δὲ ὅμως τόδε τὸ ἆθλον.* 5

115b. SUDA ε2548 *βιώσας βίον ἐπίρρητον καὶ βδελυρὸν οὐδεμίαν ἐπιστεύθη βασιλικῶν χρημάτων ἐξουσίαν.*

116a. SUDA α4326 *ὁ δὲ Σερουίλιος πολλὰ καὶ ἀτάσθαλα ἐθρασύνετο κατὰ τοῦ Παύλου.*

116b. SUDA α3172 *περὶ τῆς ἐν Κάνναις τῶν Ῥωμαίων ἥττης· τοσοῦτον ἄρα αὐτοῖς ἀπήντησε τὸ πταῖσμα.*

117. SUDA τ991 *καὶ ἀναβλέποντες ὁρῶσι τριμμοὺς τῆς ἀνόδου καὶ προσβάσεις, δι' ὧν ἀνῆλθεν ὁ Ῥωμαῖος, καὶ συνέβαλον μὴ ἄπορον εἶναι, ἀλλ' ἐπιβατόν.*

118a. SUDA ε916 *ὁ δὲ Κλέανδρος ἐλοιδόρησε τὸν ὕπατον τῆς ἐν Αἰγύπτῳ ἀρχῆς Κομόδῳ καὶ παραλύει αὐτὸν τῆς ἀρχῆς οὐδὲν ἀδικοῦντα.*

115 1–5 cp. Suda β433 **4–5** cp. Suda α2830

11 *τοῦτο*] *τοῦ* V *οὖν* om. GVM **115** 5 *ὅμως*] *Ὅμηρος* AS **116** 4 *αὐτῆς* AGITF **117** 2 *προβάσεις* A *ἀνῆρχεν* F **3** *ἐπιβατός* **118** 2 *ὕπατον*] *ὕπαρχον* Massonius *Κωμόδῳ* IF *κομωδῶν* G *κωμῳδῶν* B *Κομώδῳ* Zon. 695 **3** *οὐδὲν*] *μὴ* ins. F

118b. Suda λ 344 *ἵνα τὸν τῶν κακῶν αἴτιον καὶ λεύ-*
5 *στῆρα ἀφανίσωσι.*

119. Suda ε 1348 *Ἔννιος Ῥωμαῖος ποιητής ὃν Αἰ-*
λιανὸς ἐπαινεῖν ἄξιόν φησι. Σκιπίωνα γὰρ ᾄδων καὶ ἐπὶ
μέγα τὸν ἄνδρα ἐξᾶραι βουλόμενός φησι μόνον ἂν
Ὅμηρον ἐπαξίους ἐπαίνους εἰπεῖν Σκιπίωνος. δῆλον δὲ ὡς
5 *ἐτεθήπει τοῦ ποιητοῦ τὴν μεγαλόνοιαν καὶ τῶν μέτρων τὸ*
μεγαλεῖον καὶ ἀξιάγαστον· καὶ ὡς ἐπαινέσαι δεινὸς
Ὅμηρός ἐστι καὶ κλέος ἀνδρὸς πυργῶσαί τε καὶ ἆραι, ἐξ
ὧν ἐπῄνεσε τὸν Ἀχιλλέα καλῶς, ἠπίστατο ὁ ποιητὴς ὁ
Μεσσάπιος.

120. Suda τ 207 *ὁ δὲ ἐκρυέντος τοῦ αἵματος περιτρα-*
πεὶς ἐντάφιον ἑαυτῷ τρόπον τινὰ τὸ δυστυχὲς ταινίδιον
ἐπήγετο.

121. Suda α 4537 *αὐτόχρημα πηδῶν ὑπὲρ τὰ ἐσκαμ-*
μένα, τὴν ναῦν Ἀσδρούβα φεύγειν ἐπειγομένην τὰς χεῖρας
ἐπιβαλὼν εἴχετο ἐρρωμένως τῆς πρύμνης ὁ Κλάτιος ὄνομα.

122. Suda μ 474 *ὃς ἦν Νέρωνος ἀπελεύθερος, ἀπολει-*
φθεὶς μελεδωνὸς τῶν ἐν Ῥώμῃ καὶ ἔφορος, ὅτε Νέρων ἐς
Ἀχαΐαν ἐξωρμήθη.

123a. Suda ε 1231 *Ῥωμαῖοι πολεμοῦντες οὐδένα τόπον*
οὔτε ἐνέκρινον οὔτε ἀπέκρινον, ἀλλ' ἔνθα ἔτυχον, ἠγω-
νίζοντο.

119 5–6 cp. Suda μ 359

4 *ἵνα*] *καὶ* F **122** 1 *ὃς*] *ὡς* V

123b. Suda α 3116 *οἱ γὰρ Ῥωμαῖοι, ἔνθα ἂν τοῖς ἐχθροῖς ἐνέτυχον, ἐνταῦθα δήπου καὶ ἠγωνίζοντο, εἴτε εἶεν* 5 *ἀπειθεῖς οἱ τόποι καὶ τραχεῖς, εἴτε καὶ εὐφυεῖς δέξασθαι ὁπλίτας καὶ εὐήλατοι.*

123c. Suda α 4528 *Ῥωμαῖοι δὲ εὐπραγίαν παράνομον οὔτε νίκην τελεσθεῖσαν, ἧς ὁ ἄρχων μὴ ἐκοινώνησεν, ἠσπάζοντο, ἵνα μὴ αὐτοσχεδιάζωσιν ἐν ταῖς πράξεσιν οἱ* 10 *ὑπήκοοι.*

123d. Suda κ 458 *Ῥωμαίων γοῦν ὁ νικήσας τὴν μουνὰξ μάχην ἀνεδεῖτο στεφάνῳ ἀγρώστεως· καὶ ἦν Κάσος ἄμαχος.*

123e. Suda κ 1083 *τῶν δὲ Ῥωμαίων κατολισθανόντων* 15 *ἐς δάκρυα καὶ περιαλγούντων ἐπὶ τῷ πάθει.*

123f. Suda β 545 *οὐ μὴν ἐθέλγετο ὁ ὕπατος, τοῖς ὑπηρέταις σὺν ὀργῇ βριμούμενος.*

123g. Suda α 3125 *ὀλίγοι μὲν ἀπεῖπον πεμφθῆναί οἱ τὸν θρίαμβον.* 20

124a. Suda π 2361 *ἐπανελθόντες γοῦν προγραφὰς καὶ τῶν ἐκ βουλῆς καὶ τῶν εἰς τὴν ἱππάδα τελούντων εἰργάσαντο, τούτους ἀποκτιννύντες.*

124b. Suda π 2900 *Μάρκος τῶν εὖ γεγονότων, τὴν ἀξίωσιν ἀγορανόμος, προὐγράφη· εἶτα μέντοι λαθεῖν* 5

123 17–18 cp. Suda ε 296 **124 5–7** cp. Suda α 211 **5–9** cp. Suda σ 293

123 4 *ἂν* del. He **8** *εὐπραγίαν*] *οὔτε* ins. Basil **13** *Κάσος*] *κλέος* Rasm **16** *τὸ πάθος* F **19** *ὀλίγου* AV
124 1 *ἐπανελθόντες*] *καὶ* ins. V *οὖν* GV **3** *ἀποτιννύντες* V

βουλόμενος ξυρεῖται τὴν κεφαλὴν καὶ τὸ γένειον, στολὴν Αἰγυπτίαν ἀναλαβών,

124c. SUDA α 211 *ἣν οἱ τῆς Ἴσιδος θεραπευτῆρες ἥσθηνται, καὶ σεῖστρον ἐπισείων καὶ πόλιν ἐκ πόλεως* 10 *ἀμείβων, καὶ τῷ θεῷ ἀγείρων καὶ ἀναγκαίας τροφάς, λιμοῦ φάρμακα, ἀγαπητῶς λαμβάνων ⟨ἠλᾶτο⟩.*

125a. SUDA οι 178 *καὶ καλῶς Ἡρόδοτος τὰς ὑπὲρ τῶν γυναικῶν οἰστρήσεις τε καὶ μανίας παρ' οὐδὲν ἐτίθετο.*

125b. SUDA α 138 *ἐπεὶ καὶ τὴν τοῦ Μενέλεω πρὸς τὸν τοῦ Πριάμου Πάριν οὔτε ἐπαινῶ οὔτε ἄγαμαι.*

5 **125c.** SUDA ε 720 *ἑκάτερος δι' ἁρπαγῆς τὴν κόρην ποιήσασθαι ἐμαίνοντο. πόλεμος οὖν ἔκφυλος ἐγένετο, καὶ ἐνακμάζει καὶ μάλα ἀδόκητος, οὐκ ἔχων οὔτε γενναίαν οὔτε εὐπρεπῆ τὴν ὑπόθεσιν.*

125d. SUDA α 519 *λαβόντες ἑκάτερος τῆς κόρης τὴν* 10 *ἄδωρον μοῖραν τῷ ἑαυτῶν λάχει, τραγικὸς ἂν εἶπε ποιητής, ἑαυτοὺς κατέσφαξαν.*

125e. SUDA ν 168 *ἀλλὰ καὶ ἐκείνων νεμηθέντων εἰς τὴν στάσιν.*

125f. SUDA ε 1021 *τοῖς φίλοις καὶ οἰκείοις ἐμπλασ-* 15 *σόμενοι ἀπέσφαττον αὐτοὺς ὡς πολεμίους.*

125 16–18 cp. Suda ρ 181

6 *βουλόμενος*] *θέλων* e Suda α 211 et σ 293 *ξυρεῖ* He e Suda σ 293 *στολὴν*] *καὶ* ins. He e Suda σ 293 **8** *ἥνπερ* He e Suda σ 293 **11** *ἠλᾶτο* e Suda σ 293 **125 4** lac. post *Πάριν* cens. He **5** *κόρην*] *ἑαυτοῦ* add. He

125g. Suda π 482 *συνενθουσιῶντες αὐτοῖς καὶ τῇ παραφόρῳ τῇδε φιλοτιμίᾳ τῇ κακίστῃ δαιμόνων ἐκριπισθέντες ἀπολώλασι.*

126a. Suda ε 3095 *ἄνθος προσώπῳ ἐπιφυόμενον, οἷον οὐδὲ εἷς λειμὼν νοτερός τε καὶ ἁβρὸς καὶ εὐθαλὴς τεκεῖν ὑπὸ δρόσῳ ἐαρινῇ οἶδεν, ἐρύθημά τε ὡραῖον καὶ μειδίαμα ἥδιστον.*

126b. Suda κ 82 *γύναιον ἐκ Συρίας καὶ καθημαξευμένον ὑπὸ παντὸς τοῦ προσιόντος. ἑταίρα γὰρ ἦν ἐμφανὴς καὶ τῶν ἐν τοῖς μίμοις δι' ἀκολασίαν περιπαθεστέρα τοῖς τε φαινομένοις ἐς τὴν κοινὴν ὄψιν σχήμασιν ἐκκαλουμένη τοὺς ὁρῶντας ἐς τὰ πάθη τοῦ σώματος, καὶ κατατείνουσα τὸν δῆμον, καὶ ὅσον μετὰ τοῦ δήμου, πρὸς συώδη τινὰ καὶ μανικὴν ἀσέλγειαν.* 5 10

126c. Suda ε 1832 *σύνοδοί τινες εἰς αὐτῆς ἐγίνοντο καὶ συμφοιτήσεις ἀκολάστων ἀνδρῶν καὶ γυναικῶν ἀσελγῶν καὶ μειρακίων ἐξώλη βίον προῃρημένων.*

126d. Suda κ 2443 *κρίσεως δ' ὡς ἐν ἀκολάστοις εὐθείας οὐ διήμαρτε περὶ τὴν αἵρεσιν τῆς μιμάδος· σὺν κάλλει γὰρ λαμπρῷ τοῦ σώματος ποικίλως ἤσκητο τὴν εὐαπάτητον παιδείαν.* 15

126e. Suda υ 35 *ὑγρῶς γὰρ κραδαινομένη καὶ τοῖς ποσὶ χαμαιπετής, εὔστολος γινομένη ἐνίκα πάντας τοὺς τῶν θαυματοποιῶν ἐξηγουμένους· φωνήν τε ἔχουσα ἡδεῖαν* 20

126 5 *καὶ* ex AF solis **10** *ὑώδη* V **14** *προῃρημένον* F *προειρημένων* IM **17–18** *εὐαπάτηλον* Jacobs **19** *γὰρ* om. G *κερδαινομένη* G **20** *χαμαιπετές* B *χαμαιτυπής* He

καὶ ταύτην μετὰ τέχνης ἀφιεῖσα οὐδενὸς ⟨τῶν⟩ ἐπ' ᾄσμασι θαυμαζομένων ἐκρίθη δευτέρα, ἅτε δὴ οὐκ ἄπειρος ἐρωτικῆς περιεργίας, ἀκκιζομένη σὺν καιρῷ καὶ
25 πρὸς ζηλοτυπίαν εὐφυῶς ἄγουσα τὸν ἄνδρα, ἑαυτῇ μὲν πλοῦτον οὐκ εὐκαταφρόνητον οἶσεν, ἐκεῖνον δὲ κατὰ βαιὸν τηκόμενον τῷ ἔρωτι ἀπήλλαξε τῶν τῇδε.

127a. Suda θ 187 ὁ δὲ θεοσύλης γενόμενος καὶ τὰ ἕδη τῶν θεῶν αὐτὰ ἐξ ἠθῶν ἀναστήσας καὶ φόνους ἐργασάμενος ἐναγεῖς,

127b. Suda δ 679 καὶ διαρρήξας καὶ διαξήνας τοὺς
5 νόμους καὶ τὴν ἀνδρῶν ἀπειπάμενος φύσιν καὶ γήμας ἀθύτους τε καὶ ἀγάμους ἐκεῖνος γάμους,

127c. Suda α 773 ἐφ' οἷς οἶδα καὶ τὸν θεὸν σείσαντα, καὶ διοσημίας ἄλλας κατενόησα ὧν ὑφ' ἡλίῳ ἔτι καὶ τυραννῶν.

10 **127d.** Suda α 1379 ὁ δὲ θεοσύλης λιπὼν τὴν πατρίδα καὶ ἀλώμενος ἐτέλει.

128. Suda π 644 καὶ μέντοι καὶ Παρίας λίθου ἅρμα ἀνακείμενον Διονύσῳ, ποίημα θαυμαστόν, ἀνείλετο θεοσυλήσας.

126 **22–25** cp. Suda α 878 **25–27** cp. Suda οι 170
127 **2–3** cp. Suda δ 679 **5–6** cp. Suda α 773

22 *τῶν* e Suda α 878 **23** *δὴ*] *δὲ* vel *δὲ δὴ* Bern om. SM in Suda α 878 **127** **6** *γάμους ἐκεῖνος* in Suda α 773
8 *ἡλίων* AGIT **10** *πατρίδα*] *πρ̅ιδα* A **11** *διετέλει* He
128 **2–3** *θεοσύλης* Bern *ὁ θεοσύλης* He

129. SUDA π 2879 *οἱ θεοσῦλαι κολάζονται, τὸ κέρδος πρὸ τῆς δίκης τιθέμενοι.*

130. SUDA α 2571 *ὁ δὲ τοὺς θεοσύλας ἀπέκτεινε καὶ ἔθηκεν ἀνόστους τοῦτο δὴ τὸ Ὁμηρικόν.*

131. SUDA α 570 *ἀετιδεῖς.*

132. SUDA α 905 *καὶ αὐτὸ τὸ κράτος ἐπὶ ξυροῦ ἀκμῆς ἦν.*

133. SUDA α 1201 *οἱ δὲ ὑπὸ Ῥωμαίων ἐκτριβέντες διεξάνθησαν, ἀλῆται δεῦρο καὶ ἐκεῖσε τὸ ζῆν τελοῦντες.*

134a. SUDA δ 679 *ὁ δὲ ἑάλω, καὶ ἔμελλεν ὁ δῆμος διαξαίνειν αὐτόν. ὁ δὲ οὐκ ἀφῆκεν, ἀλλ' εἴασεν αὐτὸν γῆν πρὸ γῆς ἀπιέναι,*

134b. SUDA π 2358 *ἵνα μή, φησιν, ὧν ἐνθάδε τολμήσῃ παραπλήσια πάλιν.* 5

135. SUDA α 1514 *ἰχθύων δὲ ἀπηνέγκαντο πλῆθος ἄμαχον καὶ ἀνέστησαν τρόπαιον καὶ βωμοὺς ὤρθωσαν.*

136. SUDA α 1763 *ἠμφισβήτουν γὰρ τοὺς ἑτέρους ἕτεροι προβαλλόμενοι.*

137. SUDA α 2073 *οὔ τι προσδοκῶν τὸν τόπον τὸν προειρημένον δυνήσεσθαι αὐτοὺς ἀνασῶσαι καὶ κομίσα-*

134 2–3 cp. Suda π 2358

132 1 *αὐτοῦ* GIT **133** 2 *διατελοῦντες* He **134** 2 *ἐφῆκεν* He **136** 1 *τοὺς*] *τοι* He **137** 2 *δυνήσεσθε* M *δυνήσασθαι* AGI

σθαί ποθεν. ἀλλ' ἵνα ὑπὲρ ὧν ἐπλημμέλησαν κακίᾳ φθάνοντες, ἐν τῷ δευτέρῳ κινδύνῳ τε ἰσωθῶσι κολασθέν-
5 *τες.*

138a. Suda α 3669 *τὰ τέκνα αὐτῶν ἀθροίσαντες εἴς τινα ἅλω καὶ ἱππαγέλην ἐπελάσαντες ἀπωλεύτων, μάλα ἀνοίκτως ἀλοῶντες διέφθειραν.*

138b. Suda α 4367 *ἐπι οὖν τοῦ ἀβοηθήτου· οὐ μὴν*
5 *ἀτιμωρήτους ἐγένετο μεῖναι τοὺς παῖδας τοὺς ἀλοηθέντας, ἑτεραλκὴς γὰρ ἡ νίκη γενομένη τῶν πλησίον ἦν.*

139. Suda α 4313 *εἴ τι τοῦ προτέρου λόγου ὑγιὲς ἦν. ἀλλ' ἐκεῖνός τε ἀβασανίστῳ γραφῇ, ἀταλαιπώρῳ τῆς ἀληθείας ἀκοῇ διεσπαρμένος ἐς τὸ πλῆθος ἀλᾶται ἄλλως. ὁ δέ μοι ἀληθὴς ἔστω.*

140a. Suda α 4398 *οἱ δὲ εἰρηναίως ἐσταλμένοι ἄνευ δορυφόρων ἄγοντες τὴν ἱερουργίαν ἧκον ἀτυφότατα ἐκεῖνοι.*

140b. Suda τ 176 *ταῦτά τοι καὶ θαρρῶν αὐτὸς κατά τι*
5 *ἔθος ἀρχαῖον ἐκέλευσε δι' ἡμέρας τὴν ἱερουργίαν τὴν τεταγμένην δρᾶσαι τῷ θεῷ.*

141a. Suda δ 108 *ἦν δὲ τὰ λυχνία ἀργύρου πεποιημένα καὶ τέχνης θαυμαστῆς δαίδαλα.*

137 **3–4** cp. Suda ε 2787

139 2 *τε*] *γε* He **4** *ἔστω* AM *ὤν* B *ἐντόδε* G *τόδε* I om. FV **140** **4** *τοι*] *σοι* F om. A **5** *τὴν ἱερουργίαν δι' ἡμέρας* G **141** **1** *δὲ* om. V

141b. SUDA λ877 *κελεύει τῶν λυχνίων τῶν ἀνακειμένων αὐτῷ, ἀργυρᾶ δὲ ἦν ταῦτα, τὸ ἕτερον φέρειν ἀράμενον ἐμφανῶς.* 5

142. SUDA δ173 *πολλοὺς, διέφθειρε νομάδων δεκάσας εἰς προδοσίαν.*

143. SUDA ε358 *τὴν γάρ τοι πληθὺν καὶ τοὺς ἐκ καταλόγου ἐῶ νῦν.*

144. SUDA ε398 *τετόλμητο μὲν αὐτῷ τὸ ἔκδικον ἐκεῖνο καὶ παράνομον ἔργον.*

145. SUDA ε575 *οἱ δὲ κατάραντες εἰς αὐτὸν καὶ φιλοφροσύνης ἐκπλέας ἀπολαύσαντες.*

146. SUDA ε780 *ἐλεδώνη, εἶδος πολύποδος, ἥτις ἔχει μίαν κοτυληδόνα καί ἐστιν ἑπτάπους.*

147. SUDA ε974 *οἱ δὲ ὁμολογίας ἐμμελεῖς ποιησάμενοι πρὸς τοὺς Ἀρκάδας τοὺς αἰχμαλώτους ἐκομίσαντο.*

148. SUDA ε1612 *ἐπεὶ δὲ εἰς τὸ θέατρον ἐξεκύκλησαν αὐτόν, ἐπηλυγασάμενος τὴν κεφαλὴν ἦν τὸ ἄσωτον.*

149a. SUDA ρ293 *καὶ ἐρυμβόνα τὰ τιμιώτατα εἰς ἀσωτίαν ἀφειδεστάτην.*

143 1–2 cp. Suda κ630 **147** 1–2 cp. Suda ο273
149 1–2 cp. Suda ε3105

144 1 *αὐτῷ*] *αὐτὸ* A **148** 2 *ἐπηλαγασάμενος* F *ἐπηλυγησάμενος* V ante *ἦν* lac. in A *τὸ*] *τὸν* A

149b. Eust. in Dionys. Perig. 1134 (GGM II 402) *ἀπὸ τούτου δὲ καὶ τὰς κινήσεις ῥυμβόνας*
5 *ὁ Ἀπολλώνιος λέγει· καὶ τάχα καὶ ἡ παρὰ τῷ Αἰλιανῷ κειμένη ἄπορος λέξις, τὸ ἐρυμβόνα, ἐκ τοιούτου τινὸς ἔσχε τὴν ἀρχήν, ἐν οἷς λέγει ὅτι ἐσπάθα τὰ χρήσιμα καὶ εἰς ἀσωτίαν ἐρυμβόνα τὰ τιμιώτατα.*

150. Suda ε 3322 *ἀνθ' ὧν οἱ Φωκεῖς ἔτισαν δίκας βαρυτάτας.*

151. Suda ε 3362 *ὁ δὲ Αἰνείας τὸν πατέρα ἐπιθέμενος τοῖς ὤμοις ἐξῆγε φόρτον ὡς υἱεῖ φιλοπάτορι καὶ τοῦτον εὐάγκαλον.*

152. Suda η 554 *γενναῖον ἔργον καὶ τολμηρὸν ἡρωΐνης ἄντικρυς τοῦτο δράσασα.*

153. Suda ϑ 115 *εἰ θέμις καὶ τῷ Ἱμεραίῳ πρὸς Ὅμηρον τὸ ὄμμα ἀνατείνειν.*

154. Suda τ 327 *τὰ γεννώμενα βρέφη κράσει θηρείων τε καὶ ἀνθρωπείων σωμάτων τεράστια ἐδόκει.*

155. Suda κ 146 *ὅστις τάξιν ἔλιπε, θανατοῖ ἄρα ὁ νομοθέτης αὐτόν, κάκη τὴν στάσιν ἣν ἐτάχθη προδόντα.*

156. Suda κ 1861 *κνέφει.*

154 1–2 cp. Suda ϑ 351

149 4 *καὶ* om. y **151** 2 *υἱεῖ* ex F solo *ὑεῖ* cett.
154 1 *θηρίων* GFV

157. Suda *κ* 2023 *κομψευριπικῶς· πανούργως κατὰ Εὐριπίδην. Αἰλιανὸς περὶ ἀσεβῶν βασιλέων λήθη παραδοθέντων φησί.*

158. Suda *λ* 138 *λέγουσι δὲ ὅτι οὐδὲ προσθέτους οὐδὲ ἐπακτοὺς κόμας ἐκ τῆς ὕβρεως καὶ λάσθης ἐς τὴν χρείαν παρελάμβανεν, ἀλλὰ ἃς εἶχε συμφυεῖς ἀσκῶν καὶ ἐκτείνων.*

159. Suda *λ* 157 *οὗτοι οἱ ἀετοὶ λαφύξουσι τῶν ἐλεφάντων τὰ σπλάγχνα. δείξας τὰς σημαίας...*

160. Suda *λ* 574 *ὁπόταν δὲ προσίωσι κινδυνεύσοντες, λίπα ἀλείφονται.*

161. Suda *μ* 236 *ἀλλὰ τοσοῦτον μαρτυρόμεθ', ὡς οὔτ' ἀδικοῦμεν Ξενίου Διὸς χάριν.*

162. Suda *μ* 349 *ὀλίγου χρόνου διελθόντος ἑάλω μέγα κακουργῶν· εἶτα μέντοι ἐν ὄψει πολλῶν κατεπρήσθη ζῶν.*

163. Suda *ν* 163 *Νεμέσεως ἐφόρου, τρόπους ὑπερόπτας καὶ ὑπερηφάνους κολαζούσης, ἐναργῆ μαρτύρια.*

164. Suda *ν* 307 *περὶ Λακεδαιμονίων· νηΐταις κινδύνοις μὴ πάνυ συντραφέντες.*

158 1 *οὐδὲ ... οὐδὲ*] *οὔτε ... οὔτε* He 2 *κώμας* V 3 *ἐκτείνων*] *κτενίζων* Hemst *διετέλει* Bern *εὐθετίζων* maluit He **159** 1 *λαφύζουσι* V 2 *δείξας τὰς σημαίας*] secl. Adler, ad orationem ducis Romani retulit Bern **160** 1 *κινδυνεύοντες* V **161** 1 *ὡς*] *ὥστ'* V

165. SUDA ο 173 *καὶ τὸν στρεπτὸν ὃν ἐφόρει ὁλκῆς γενικῆς χρυσοῦ ὄντα ἀφαιρεῖται.*

166. SUDA β *καὶ γε πασῶν βδελυρωτέρα καὶ τὸν παναγέστατον παρθενῶνα τῶν ἑαυτῆς ἐνέπλησε κακῶν.*

167. SUDA δ 282 *αἵματι τε δευόμενοι οἱ τοῖχοι τῶν δωματίων. καὶ ἐκ τῶν δαπέδων ἀνέβρυε λύθρον, καὶ πάντων τὰς διανοίας ἐξέπληττον.*

168. SUDA ν 594 *μῆνις δὲ ἐδόκει καὶ Νυμφῶν δι' ἀπορίαν ναμάτων.*

169. SUDA ο 283 *οἱ Ἀκαρνᾶνες συγγραφεῖς ὁμόσε ἔχουσι τοῖς ποιηταῖς.*

170. SUDA ο 774 *ὁ δὲ ἀποκτείνει αὐτούς καὶ περισυλοῖ ὅσα ἐπηγάγοντο. ἦν δὲ κόσμος καὶ σκευὴ περὶ τὴν τέχνην τὴν ἑκατέρου οὐδαμῇ εὐκαταφρόνητα.*

171a. SUDA ε 3505 *οὐκ ἀκούσαντες τῆς εὐθυδικίας, καὶ εἰκότως· οὐ γὰρ ἐπὶ τῷ δικάζειν ἐκάθηντο, ἀλλ' ἐπὶ προσχήματι καὶ προσώπῳ δικαστῶν.*

171b. SUDA ω 116 *καὶ ἀπολύουσι δικασταὶ ὤνιοι*
5 *αὐτόν.*

170 1–3 cp. Suda π 1314

165 1–2 *γεννικῆς* G **169** 1–2 *ἔχουσι*] *χωροῦσι* Kust
170 1 *περισυλεῖ* GM e corr. *περισυλᾷ* He e Suda π 1314
2 *σκεύη* He e Suda π 1314

172. SUDA π771 ἄφνω πάταγος ἀκούεται τῶν θυρῶν.

173. SUDA π930 πελαργιδεῖς.

174a. SUDA τ322 καὶ τὸν βωμόν, ἐφ' οὗ τέως ἱλεοῦντο τὸν δαίμονα, ἀνέστρεψαν.

174b. SUDA π1134 καὶ τὸν κόσμον ὅσος ἦν περικείμενος, τοῦτον περιέσπασαν.

175. SUDA π2655 εἶτα, ἀσελγέστατε, τοσοῦτοι ἐχθροὶ γεγενημένοι οὐκ ἤρκεσαν, ἀλλ' ἄρα καὶ ἐμὲ εἰς τὴν τῶν ἐχθρῶν προσείλου τάξιν;

176. SUDA σ291 σεισμοί τε ἐπεπόλασαν καὶ πολλὰ ἀνέτρεπον.

177. SUDA σ657 οὐκ ἐπαινεῖ θεὸς οὐδὲ τοὺς τὰ μέτρα πατοῦντας, γλιχομένους γε μὴν τῶν ὑπὲρ ἑαυτούς τε καὶ ὑψηλὰς σκοπιάς.

178. SUDA σ1023 ὁ δὲ ἔλεγε στεγανωτάτους εἶναι τοὺς βουλευτὰς καὶ φυλάττειν τὰ τῆς σκέψεως ἀπόρρητα.

179. SUDA σ1191 καὶ τοὺς ὑπηρέτας αὐτῷ περιβαλόντες εἰς τὸ θέατρον καλοῦσι τὸ πλῆθος καὶ ἐκεῖνον παρά-

173 1 cp. Suda α570 **174** 1–2 cp. Suda π1134

174 2 ἀνέτρεψαν G He **175** 2 γενόμενοι GM **176** 1 ἐπεπόλευσαν AFVM ante corr. **177** 1 τὰ om. G μέτρια Toup

γουσι καὶ στρεβλοῦσιν· ⟨ὁ δὲ στρεβλούμενος⟩ καὶ κατατεινόμενος τἀληθῆ λέγει, καὶ πυρὶ παραδίδοται.

180. SUDA τ611 *ὃν ἂν ἐγὼ τιμησαίμην πρὸ παντὸς συγγενέσθαι καὶ πᾶσι τυράννοις καὶ τοῖς ἐπὶ μέγα πλούτου προήκουσι.*

181. SUDA τ611 *τιμησαίμην τὸν βίον πάντα τριημέρου, εἰ μὴ ἔχοιμι τοὺς ἐμοὺς κηδεμόνας.*

182a. SUDA οι136 *οἱ προσιόντες τῶν ἰατρῶν ἐκέλευον οἶνον πιεῖν· τὸ γάρ τοι σεσῶσθαι ἢ μὴ τὸν ἄνθρωπον ἐν τούτῳ ἔφασκον ἄρα ἐκεῖνοι τῇ τέχνῃ πίσυνοι.*

182b. SUDA ε2485 *ἡνίκα ἂν τὴν πεπρωμένην ὁδὸν καὶ*
5 *ἐπινησθεῖσαν διανύσω.*

182c. SUDA τ596 *ἐξέχεσθαι μὴ πιεῖν ἀνέχεσθαι οἴνου, μηδὲ τιμᾶσθαι τοσούτου τὸν βίον τὸν λοιπόν, ἵνα τὸν φθάνοντα, φησίν, ἀφανίσῃ ἐκτροπῇ διαίτης ὀλίγης, πιοῦσα οἴνου· καὶ τὸν βίον ἡ γενναία κατέστρεψε*

10 **182d.** SUDA α58 *πράως τε καὶ σὺν γαλήνῃ καὶ ἀβληχρῷ θανάτῳ, ὅνπερ οὖν ἐπαινεῖν καὶ Ὅμηρος δοκεῖ μοι.*

183. SUDA υ130 *υἱῶσαι τὸν παῖδα. υἱὸν ποιῆσαι αὐτὸν θετόν. καὶ υἱώσει, τῇ υἱοθεσίᾳ. καὶ υἱώσατο, ἀντὶ τοῦ υἱὸν*

179 3–4 cp. Suda κ818

179 3 *ὁ δὲ στρεβλούμενος* ex Suda κ818 **4** *τἀληθῆ* ex Suda κ818 *ἀληθῆ* mss. **180 1** *ἂν* om. F **2** *πλούτῳ* F **181 1** *τριημοίρου* AGVM *τριτημορίου* Kühn **182 2** *οἴνου* Chalc. *τοι* om. G **5** *διαλύσω* A **6** *προεξέρχεσθαι* F *ἐξέρχεσθαι* Port *ἐξηρνεῖτο* Bern **7** *τοσοῦτον* A **8** *ὀλίγης*] *λιτῆς* Toup

θετὸν ἐποιήσατο. καὶ τὰς υἱώσεις, τὰς υἱοθεσίας. ἡ χρῆσις παρὰ Αἰλιανῷ πολλή.

184. SUDA φ 426 *δοκεῖ τῷ δήμῳ διαμετρεῖν φιλοτησίαν τήνδε.*

185a. SUDA φ 446 *ἔλεγε τὸν νεανίαν ἐλθεῖν πρὸς αὐτὸν φιλωθῆναί οἱ.*

185b. SUDA κ 2329 *καὶ πιεῖν ἐδίδου κράσει δικαίᾳ μὴ κιρνῶν· ὤρεγε δὲ μὴ αἰτοῦντι καὶ φιλοφρονούμενος ἀκαίρως καὶ περιττὰ δεῖπνα παρατίθησιν.* 5

185c. SUDA δ 1674 *ὁρῶν δὲ τὼν ἀδελφὸν πάντα δυσωπούμενον καὶ οὐδὲν ἐπὶ τῶν ὄψων οὐχ ὑφορώμενον.*

186. SUDA α 4652 *ὁ δὲ διῆλθε τῷ λόγῳ φιλοτίμως τε καὶ σὺν Ἀφροδίτῃ οὐ μάλα περιττῇ.*

187. SUDA χ 272 *καὶ ἐκ τούτων χειρώσασθαι τὸν ἄνδρα καὶ ἔχειν αὐτὸν ὡς εἰπεῖν ἰδιόξενον.*

188. SUDA χ 461 *ἐπεὶ δὲ ἐς γῆρας ἀφίκετο, τὸ κοινὸν τῇ πεπρωμένῃ χρεὼν ἐξέτισε καὶ τῆς προσηκούσης κηδεύσεως ἔτυχε.*

189. SUDA χ 485 *ὁ δὲ τῆς θεοσυλίας τε καὶ ἀθέσμου χρηματίσεως διαφθαρεὶς τὸν μισθὸν ἠνέγκατο τοῦτον πικρότατόν τε καὶ πικρωδέστατον.*

185 2 *αὐτὸν*] *καὶ* add. G 4 *μὴ*] *μοι* GM 5 *καὶ* del. Kust Bern *περιτίθησιν* F 6 *ὁρῶ* GIT 7 *ἐπὶ*] *ὑπὸ* T *ἔτι* Wassius et Schweig *ὅ τι* He **186** 2 *οὐ*] *εὖ* Schaeffer He **189** 3 *πικρωδεστάτων* M *φρικωδέστατον* Kühn *πρεπωδέστατον* He

190. Stob. 3.29.58 *Σόλων ὁ Ἀθηναῖος Ἐξηκεστίδου παρὰ πότον τοῦ ἀδελφιδοῦ αὐτοῦ μέλος τι Σαπφοῦς ᾄσαντος, ἥσθη τῷ μέλει καὶ προσέταξε τῷ μειρακίῳ διδά-ξει αὐτόν. ἐρωτήσαντος δέ τινος διὰ ποίαν αἰτίαν τοῦτο*
5 *ἐσπούδασεν, ὁ δὲ ἔφη 'ἵνα μαθὼν αὐτὸ ἀποθάνω.'*

191. Eust. in Od. *α* 1.18 *λόγος ἔχει Ἄτλαντι φοιτή-σαντα τὸν Ἡρακλέα σπουδάσαι τὰ οὐράνια. ταῦτά τοι καὶ συγγεγράφθαι διαδέξασθαι τὸν οὐρανὸν ἐν μέρει, αἰνιξαμέ-νων τῶν συγγραφέων τὴν παράδοσιν τῆς σοφίας τοῦτον*
5 *τὸν τρόπον.*

192. Eust. in Od. *τ* 2.209 *Τῶν δ' ἐν τούτοις τί μὲν ἡ κλεπτοσύνη, δῆλον, καὶ ἐς ἀνάλογον παρῆκται τῷ παλαι-σμοσύνη, ὃ καὶ παρὰ Αἰλιανῷ κεῖται.*

193. Eust. in Dionys. Perig. 492 (GGM II 310) *λέγουσι δὲ καὶ οἱ προφῆται καὶ θέραπες τῶν θεῶν.*

194. Eust. in Il. *ι* 2.669 *καὶ γὰρ καὶ τὸ ἀρᾶσθαι ἁρμο-νία τίς ἐστι πρὸς θεόν, ὥσπερ καὶ ἡ εὐχή, ἣν ὁ Αἰλιανὸς πρέσβιν φησὶ πρὸς θεὸν ἀδωρότατον.*

195. Suda *α* 323 *αὐτοὺς μὲν τοὺς ἐμπόρους ἀπαθεῖς κακῶν ἀποσῶσαι, τὰ δὲ ἀγώγιμά σφισιν ἀνασώσασθαι.*

196. Suda *α* 533 *ἁδροῖς μισθοῖς προαγαγὼν εἰς τὸ τόλμημα, τοῦτον ἀναιρεῖ.*

190 2 *ἀδελφοῦ* A 3 *ἦσθει* A 5 *σπουδάσειεν* He *ἐσπούδακεν* Mein

197. Suda α 533 *ἑκάστου τὴν τέχνην ἐπιδεικνυμένου ἐπὶ μισθοῖς ἁδροῖς.*

198. Suda α 714 *ἠράσθη Πίασος Θετταλὸς Λαρίσσης τῆς ἑαυτοῦ θυγατρὸς ἔρωτα ἄθεσμόν τε καὶ δυστυχῆ.*

199. Suda α 1114 *καὶ τὰς ἀλεκτορίδας δὲ αὐτὰς ἀπέκτειναν, τοῦ μὴ κελαδούσας καὶ ᾀδούσας ἐπὶ τοῖς ᾠοῖς μηνῦσαι τὸν μοιχόν.*

200. Suda α 1469 *ὁ δὲ ἀκούει ταῦτα καὶ μὴ ὢν ἀμαθὴς οἰωνῶν τὸν παῖδα ἐπανάγει καὶ ἐκτρέφει ὡς γνήσιον.*

201. Suda α 1594 *καί ποτε ἀγῶνα ἐπιτελοῦντες τούτῳ τῷ μειρακίῳ, ἐς ἅμιλλαν ἀκοντίσεως ἀποδυσαμένω, εἶτα μέντοι τῆς σπουδῆς θερμότερον ὑπεπλήσθησαν· καί πως ὁ Ἀργέου υἱὸς ἀλλαχόσε βουλόμενος βαλεῖν τἀδελφοῦ δυστυχῶς τῶν στέρνων τυγχάνει καὶ ἀναιρεῖ αὐτόν.* 5

202. Suda ν 97 *ἁμαρτάνοντι ἐπέπληττε καὶ ἀδικοῦντα ἤλεγχε καὶ ἀνέστειλε τοῦ ἀδικεῖν πατρικῇ, ναὶ μὰ τόν, ὁ γενναῖος τῇ παρρησίᾳ.*

203a. Suda α 1812 *Λοξίας δὲ καὶ Ζεὺς πατὴρ ἀναβολὴν θανάτου ἐψηφίσαντο Φαλάριδι ἔτη δύο, ἀνθ' ὧν ἡμέρως Χαρίτωνι καὶ Μελανίππῳ προσηνέχθη.*

198 1–2 cp. Suda π 1549 **201** 3–5 cp. Suda α 3764

199 2 *καὶ ᾀδούσας* om. A **201** 2 *ἀκοντίσθως* A 3 *πως*] *που* S 4 *Ἀργαίου* AG **202** 2 *ἀνέστελλε* GM **203** 2 *ἀνθ'*] *καὶ ἀνθ'* FS 3 *προσηνέχθη*] *καὶ ἀναβολαὶ τὰ προοίμια* add. A

203b. SUDA α 2634 *Χαρίτων γὰρ καὶ Μελάνιππος εἰς*
5 *ἔρωτα ἀλλήλοιν συνεπεσέτην· καὶ ὁ μὲν Χαρίτων ἐραστὴς ἦν, Μελάνιππος δὲ τὴν ψυχὴν ὁ ἐρώμενος ἐς τὸν φίλον τὸν ἔνθεον ἀναφλεχθεὶς ἰσότιμον τὸ τοῦ πόθου κέντρον ἀνεδείκνυτο.*

203c. SUDA ε 2201 *ὁ τοίνυν ἔρως συμπνεύσας καὶ*
10 *κατὰ τοῦ τυράννου Φαλάριδος ἐπῆρεν αὐτούς.*

203d. SUDA υ 495 *καὶ ταῦτα ὑπὲρ τῆς ἐνθέου φιλότητος ἐμαρτύρησεν ὁ Ἀπόλλων.*

204a. SUDA α 1806 *ἤδη δέ τινές φασιν ὡς τοσοῦτον ἄρα τὸν Αἴσωπον θεοφιλῆ γενέσθαι, ὡς καὶ ἀναβιῶναι αὐτόν, καθάπερ οὖν τὸν Τυνδάρεων καὶ τὸν Ἡρακλέα καὶ τὸν Γλαῦκον.*

5 **204b.** SUDA ε 1909 *οἱ Δελφοὶ ἔωσαν αὐτὸν κατὰ κρημνοῦ μάλα.*

205. SUDA α 2586 *ἀνωθῆσαν δὲ ἑαυτὸ τὸ θηρίον καὶ ἔξαλον γενόμενον ἀπεσείσατο ἐς τὴν νῆξιν ἀπολῦσαν τὸν ἄνθρωπον.*

206. SUDA α 2623 *ὁ δὲ παθὼν ἀνήκεστα καὶ τῆς πατρῴας ἑστίας διωχθεὶς παρὰ τὴν δίκην, ὅμως οὐκ ἀντεμήνισεν.*

203 4–6 cp. Suda σ 1501 **204 1–4** cp. Suda αι 335

5 *συνεπνευσάτην* He e Suda σ 1501 **8** *ἐνεδείκνυτο* GIM
204 1 *ὡς*] *ἐς* He **205 1** *ἑαυτὸ* SM *ἑαυτῷ* cett.

207. SUDA α 3480 *ὅτι Μάρκος Βῆρος, Ἀντωνίνου ἀδελφός, βασιλεὺς Ῥωμαίων, ἀδοκήτως διαφθείρεται, πλήθους ἰχῶρός τε καὶ πνεύματος ἐπισχόντος οἱ τὴν ἀναπνοήν· ὃ δὴ πάθος ἀποπληξίαν παῖδες ἰατρῶν ὀνομάζουσι.*

208a. SUDA α 4329 *λίθους τῶν ποδῶν ἐξαρτήσαντες ἔρριψαν εἰς τὸ πέλαγος ἀτέγκτως καὶ ἀφειδῶς.*

208b. SUDA δ 1092 *καὶ ὁ μὲν ἐξετρίβη πίτυος δίκην ῥιφεὶς εἰς θάλατταν, καὶ δίδωσι δίκας αὐτῷ γένει.*

209. SUDA α 4534 *μὴ ἐπίπλαστον. ἔχουσαν κάλλος αὐτοφυέστατον καὶ οἷον γένοιτο φιλοθήρου κόρης.*

210a. SUDA κ 1001 *στρατιώτης δὲ ἄρα τις ἐοικὼς κατεσχημένῳ εἰσεπήδησε καὶ ἀνιχνεύσας ἀπέτεμεν αὐτοῦ τὴν κεφαλήν.*

210b. SUDA α 4673 *ἀχαρίστῳ νοσήματι τῷ θυμῷ χαριζόμενος, λύμαις ὅσαις ἐδύνατο παντοδαπαῖς τὸ σῶμα* 5 *λυμηνάμενος.*

211. SUDA δ 944 *διέρρει δὲ φήμη λέγουσα καὶ εὐπατρίδην αὐτὸν εἶναι.*

212. SUDA δ 951 *τὸ γάρ τοι κλέος τῶν τετολμημένων διερρύη πολύ.*

207 1–4 cp. Eutropius 8.10 **209** 1–2 cp. Suda φ 375
210 2–5 cp. Suda χ 110

207 3 *ἀποπνοήν* M **209** 2 *οἷον*] *ἂν* add. He
210 4 *ἀχαρίτῳ* He **212** 2 *διερρύν* A

213. Suda ε 1270 *εἶτα μέντοι ἐνετολμήσατο τηλικοῦτον τόλμημα.*

214. Suda δ 617 *ἡ δὲ εὐμηχάνως διαλαμβάνει καὶ δεῖται τῶν Καβείρων τιμωρῆσαι αὐτῇ καὶ μετελθεῖν τὸν ἐπίορκον.*

215a. Suda δ 1084 *δικαιωθέντων πάντων τῶν ἀδελφῶν Ἀρισταίου τοῦ γίγαντος δικαίωσιν τὴν πρεπωδεστάτην.*

215b. Suda αι 376 *Ἀρισταῖον μόνον τὸν γίγαντα περισωθῆναί φασι, καὶ οὔτε πῦρ οὐράνιον ἐπ' αὐτὸν ἦλθεν,*
5 *οὔτε Αἴτνη πιέζει αὐτόν.*

216. Suda δ 1623 *ἀποσφαγεῖσαν γὰρ αὐτὴν ὑπὸ ἐραστοῦ δυσέρωτος.*

217. Suda ε 242 *ὁ δὲ ἐλευθερῶσαι τὴν πατρίδα ἐδίψησεν.*

218. Suda ε 399 *ὁ δὲ ἦν ἔκδικός τε καὶ ἔκνομος.*

219. Suda α 1663 *πρὶν κακῶν ἔργων ἀμοιβὸν τιμωρίαν ἐκτῖσαι.*

220. Suda α 471 *καταπλαγείη δ' ἄν τις τὸ ἀδιάδραστον τῆς δίκης ἐκ τῆς συμβάσης τούτῳ τιμωρίας.*

216 1–2 cp. Iambl. Bab. fr. 58

214 2 *Καβείρων* Chalc *Καβήρων* mss.

221. SUDA α 3685 *ἀλλὰ ταῦτα μὲν οὐχ οἷά τε εἶναι ἄπρακτα γενέσθαι, ἐπείπερ οἱ θεοὶ ἀτιμώρητα αὐτὰ περιεῖδον ἐκ σφῶν γενόμενα.*

222. SUDA α 3172 *οὐ μὴν ἀπήντησέν οἱ τὰ τῆς ἐλπίδος.*

223. SUDA ε 1843 *χρυσίον δίδωσιν, οὐ μὴν ἐξωνήσατο τὸ μηδὲν παθεῖν.*

224a. SUDA α 1395 *οὐδὲ ὤλισθον ἄλλως αἱ εὐχαὶ καὶ αἱ κατὰ τοῦ θεῷ ἐχθροῦ ἀραί.*

224b. SUDA α 1945 *οὐδὲ γὰρ ἀναλώθησαν ἄλλως αἱ εὐχαί· θηρίον γάρ τι αὐτοῖς πομπῇ κρείττονι ἐντυγχάνει.*

225. SUDA δ 1084 *οὐ γάρ τί που μετὰ μακρὸν ἐκολάσθη δικαιώσει.*

226. SUDA ε 3323 *ὁ δὲ ἔτισε δίκας ὧν ἔπραξεν. οὐ γάρ τί που ταχεῖ καὶ ὠκυμόρῳ τέλει τὸν βίον κατέστρεψεν, ἀλλ' ἐκολάζετο χρόνῳ.*

227. SUDA α 523 *Ἀδραστείας αὐτῷ Νέμεσις τιμωρὸς ὑπερόγκων καὶ ἀχαλίνων λόγων ἠκολούθησεν.*

228. SUDA α 2357 *ἐπεὶ δ' ἀνεφρόνησε καὶ τὸ τολμηθὲν ἐσκοπεῖτο καὶ ἐνενόει τὸ ἀσέβημα, διπλαῖ ἔννοιαι τοῦτον εἰσῄεσαν.*

221 **1–3** cp. Suda ο 987

224 **2** *θεοῖς* Bern **227** **1** *Ἀδράστεια* M e corr.

229. Suda α 2810 *ὁ δὲ ἐν ὀφθαλμοῖς τῶν ἁπάντων ἑαυτὸν διεχρήσατο οὐκ ἀξιοζήλως.*

230. Suda ι 627 *γυναικῶν ἰσηλίκων χορὸν ἑαυτὴν περιχέασα· γηραιαὶ αὗται, χορὸς θεοφιλής· καὶ καθεῖσαι τὰς παλαιὰς ἐκείνας κόμας ἐθεοκλύτουν ⟨ἥλιόν τε καὶ δίκην.⟩*

231. Suda ν 163 *τὴν τῶν ἀλαζόνων τιμωρὸν συνέντες Νέμεσιν, ἥπερ αὐτοὺς μετῆλθε σὺν τῇ δίκῃ.*

232. Suda ν 163 *οὐκ ἔλαθε τὴν ἅπασιν ἐναντιουμένην τοῖς ὑπερηφάνοις Νέμεσιν, ἀλλ' ἐν ταῖς ἰδίαις ἠναγκάσθη παιδευθῆναι συμφοραῖς.*

233. Suda π 22 *καὶ ἄλλας μυρίας εἴποιμι ἂν δίκης ἀμελουμένης ἀκόλουθα πάθας.*

234. Suda ε 2187 *τὸ δὲ θεῖον οὐκ ἐπῄνει τὰ ὑπὸ τοῦ βασιλέως πραττόμενα.*

235. Suda α 3449 *οὐ μὴν ἀπόνασθαί γε ξυνέβη τῆς βασιλείας αὐτῷ· τελευτᾷ γὰρ νόσῳ ἑπτὰ ταῖς πάσαις ἡμέραις.*

236. Suda π 2820 *τοιάδε μὲν τοῖς κακῶς βουλευομένοις δίδωσι τὰ πρόστιμα ἡ δίκη.*

237. Suda ε 956 *μαρτύρεται ὁ θεός, ὅτι μηδὲν αὐτὸν λαθεῖν δύναται ἔμβραχυ.*

230 1 *ἑαυτῇ* Chalc 2 *γηραιαὶ*] *δὲ* add. V 3 *ἥλιόν τε καὶ δίκην* e Suda κ 68 **231** 1–2 *Νέμεσιν συνέντες* GFVM **233** 1 *ἂν εἴποιμι* S 2 *ἀκολουθεῖν* Bekk He **236** 1 *κακοῖς* G

238. SUDA ε 436 *οὕτω μὲν ὁ κατάρατος συνήθως τὸν ἄνθρωπον ἐκήλει.*

239. SUDA ε 577 *οἱ δὲ ἐκπλεύσαντες τῶν φρενῶν, εἶτα ἐνεοὶ ἐγένοντο.*

240. SUDA λ 465 *καὶ θάπτει τὸν νεκρόν, τοῖς καταχθονίοις θεοῖς ἀποδιδοὺς τῆς ἐκείνων λήξεως ἤδη.*

241a. SUDA ε 655 *τῇ μητρὶ γῇ τὸ χρέος ἐκτίνων τὸν ναυηγὸν θάπτει.*

241b. SUDA α 860 *ἰδὼν ναυηγοῦ σῶμα ἐρριμμένον ἀκηδῶς καὶ ὀλιγώρως παρελθεῖν οὐκ ἐτόλμησεν, ἀλλὰ ἔθαψα τὸν τεθνεῶτα, θέαμα τῷ ἡλίῳ οὐδαμῇ φίλον ἀπο-* 5
κρύπτων ἀνθρωπίνῳ θεσμῷ.

242. SUDA α 4081 *οὐκ ἠξίωσαν ταφῆς, ἣν ἡ ἀρχέγονος φύσις νομοθετεῖ.*

243. SUDA ε 1136 *Καλλίξενος ὁ Ἀθηναῖος διὰ συκοφαντίαν ἆθλα ἀπηνέγκατο τῆς ἀναισχυντίας καὶ ἀσεβείας, ἐν ἄστει μισούμενος καὶ πενόμενος καὶ ἀποκλειόμενος λιμῷ ἀποθανεῖν· ἐπεὶ μήτε ὕδατος ἐκοινώνουν αὐτῷ, μήτε πυρὸς ἐναύειν ἐβούλοντο, ὥσπερ οὖν κοινωνεῖν τοῖς βουλο-* 5
μένοις καὶ δεομένοις.

244a. SUDA ε 2171 *οἱ δ' οὖν περὶ πλείστου τιθέμενοι τὰ τοῦ Φοίνικος, καλλύνοντες ἄρα τὸ κακὸν αὐτοῦ καὶ ἐπηλυγάζοντες, ἄλλως φασὶ τοῦτο γενέσθαι.*

239 2 *ἐννεοὶ* IF *εὔνεοὶ* G **240** 1–2 *χθονίοις* GFVM **241** 4 *ἐτόλμησα* M **243** 4 *ἐκοινώνουν*] *κοινωνεῖν* Bekk 5 *κοινωνεῖν* M *μὴ κοινωνεῖν* cett. *ἐκοινώνουν* Bekk

244b. SUDA ε 1137 εἰ δὲ ἐντεῦθεν Εὐριπίδης ἐναυσά-
5 μενος τὸν λόγον ἅπαντα, εἶτα μέντοι Φοίνικι περιτίθησιν.

245. SUDA ε 1473 καὶ ἐντήξας αὐτῶν ταῖς ψυχαῖς ἰσχὺν λόγων ἄμαχον καὶ σειρῆνα εὐγλωττίας ἐφολκοτάτην.

246. SUDA ε 1441 πικρότατος αὐτοῖς ἐνστάτης ἦν.

247. SUDA ε 1597 καὶ τὸ σύμπαν αὐτοῦ σῶμα ἑλκῶν ἐξέζεσεν.

248a. SUDA ε 1238 τοσόσδε διὰ τῆς νυκτὸς ἐνέπεσε σεισμός, ὥστε ἐξέθορον ἐκ τῆς κοίτης·

248b. SUDA δ 1137 σκηπτοί τε κατωλίσθανον καὶ ἐγίνοντο διόβλητοι ἅπαντες.

249. SUDA ε 3336 ἡ δὲ γῆ ἀγονίαις κατειλημμένη ἔτρυχεν αὐτοὺς ἀλγεινότατα.

250a. SUDA ε 1555 καὶ μᾶλλον ἐξήπτοντο εἰς ὀργὴν καὶ ἠπείλουν τὰς θύρας ἐξαράξειν.

250b. SUDA α 1968 βιαζομένων δὲ αὐτῶν καὶ τὰς θύρας ἀναμοχλευόντων, δράκοντες ἄρα μέγιστοι τὸ μέγεθος
5 ἀνέστελλον αὐτούς·

247 1–2 cp. Suda ε 882 **250** 4–7 cp. Suda ε 215 et ο 944

244 5 *Φοίνικοι* V *παρατίθησιν* M **247** 1 *αὐτῆς*] *αὐτοῦ* Suda ε 882 *ἑλκῶν*] *εὐλῶν* He cp. Hdt. 4.205 **248** 3 *κατωλίσθησαν* GI **250** 1 *ἐπὶ*] *ἔτι* Kust 5 *συνέστελλον* Suda ε 215

250c. Suda οι 147 ⟨*καὶ ἐδειμάτουν,*⟩ *τὰ οὐραῖα μέρη ἐς σπείρας ἑλίξαντες καὶ ἐπανιστάμενοι καὶ πῦρ ὁρῶντες οἷον ὀξύτατον.*

250d. Suda ε 1022 *οἱ δὲ Καρχηδόνιοι ἀλλήλοις ἐμπαλασσόμενοι καὶ περιπίπτοντες τοῖς θηρίοις ἀπέθνησκον.* 10

251. Suda μ 1304 *μήτε γὰρ εἶναι ποιητικός μήτε μὴν μουσωθῆναι παιάνων καὶ ὕμνων ἐπιστήμονα σοφίαν.*

252a. Suda ε 1675 *οἱ δὲ οὐκ ἐξεφαύλισαν τὴν τῶν Κρητῶν αὐτοσχέδιον ἐκείνην μοῦσαν, οἷα δή που λιτήν τινα θυσίαν.*

252b. Suda ε 1388 *ἐκ τῶν ἐνόντων καὶ παρόντων προσαχθεῖσαν αὐτοῖς ἐπαινοῦντες.* 5

253. Suda ε 1834 *τῷ γε μὴν πατρὶ ἐπαρωμένου ἐξώλειαν ἐπίπλαστον.*

254a. Suda ε 1909 *ἡ δὲ ἐγκύψαντα αὐτὸν εἰς πίθον, ἵνα ἀρύσηται οἶνον, ἔωσεν ἐς κεφαλὴν καὶ ἀπέπνιξεν.*

254b. Suda ε 3022 *τοῦ δὲ πίθου ἕρματι περιπεσόντος καὶ συντριβέντος.*

255. Suda ε 1908 *οἱ τοίνυν τελευταῖοι τῶν φίλων ἐώσαντο καὶ ἐσεπήδησαν.*

9–10 cp. Polyb. fr. 135 **252 1–2** cp. Suda λ 620 2–3 cp. Suda ε 1388

6 *καὶ ἐδειμάτουν* e Suda ε 215 **10** *παραπίπτοντες* V **252 2** *λιτόν* e Suda λ 620 **4** *ἐνόντων*] *ἔντων* A **253 2** *ἐπίπλαζον* GI

256. Suda ε 2334 τὸν δὲ λουόμενον ἀπέκτεινεν ἐπιθήξας οἱ τῶν δορυφόρων τοὺς ἀφειδεστάτους.

257. Suda ε 2455 ταῦτά τοι ἐπιμᾶλλον ἐξῆψεν αὐτῷ τὸ μῖσος.

258. Suda ε 2490 τὸν ἐπινησθέντα ἐνίοις βίον.

259. Suda ε 2543 ὁ δὲ ᾔσχυνε τῇ ἀπειλῇ μόνῃ τὸ ἀκέλευστον αὐτοῦ καὶ τὸ ὑφ' ἑαυτοῦ βούλεσθαι τὴν πρᾶξιν, ἐπιρραπίζων ἄρα ἐκεῖνος.

260. Suda ε 2709 καὶ ἀναπείθει ἐπιτολμῆσαι τῷ Λυκίδῃ καὶ τῷ Σωσιβίῳ, ἐπαίρει δὲ ἅτε φορτηγοὺς τοιοῦτος ῥᾷστά τε ἀναπείθει, καὶ νυκτὸς γενομένης ἀκράτου.

261. Suda ε 2760 ἔχεσθαι δὲ αὐτοῦ ἐκέλευσεν, ἵνα μὴ διαδρὰς ἔξω τοῦ στρατοπέδου, εἶτα μέντοι ζῶν ἀπέλθῃ καὶ ἐπιχάνῃ.

262. Suda ε 2902 ὁ δ' ἐνελόχα τινὰς ἐργαστῆρας ἐκ τῶν ἀγρῶν ἐπανιόντας, καί πως λαθὼν εἰς αὐτὸν ἑρπύσας.

263. Suda ε 3351 ἐρᾷ αὐτῆς ἀνὴρ Ῥωμαῖος, Ἄππιος ὄνομα, τῶν εὖ γεγονότων.

258 1 cp. Suda α 4104 (Ael. fr. 343)

257 1 αὐτοῦ GIV **258** ἐπινησθέντα A ἐπινηθέντα cett. **260 2** Σωσιβίῳ Bern Σώσ A Σώσιν Zon. τοιούτους Kust **261 2** διαδράσας IT **262 1** ἐνολόχα A **263 1** Ἀππιανὸς GI

264. Suda ε 3442 *ἀσπαζόμενος εὐερμίαν καιροῦ καὶ ἀνάγκης καλούσης μὴ εἴκων κάκῃ.*

265. Suda ε 3795 *εὐφημίας χάριν προτιμᾷ τὴν Λακεδαίμονα τὸ θεῖον ἤπερ τῶν Ἀθηναίων βωμοὺς σύμπαντας καὶ νεὼς καὶ ἀγάλματα καὶ ἑκατόμβας καὶ τὸν λοιπὸν φλήναφον τῶν ῥᾳθυμούντων τε καὶ θοινάζειν γλιχομένων. οὐκοῦν διδάσκει ὁ λόγος ὡς ἡ ὄντως εὐσέβεια κοῦφόν ἐστι* 5 *καὶ σωφροσύνης ἀνάπλεων καὶ ἥκιστα ἀχθεινόν.*

εὐφημία γὰρ εὐκολώτατος πόνων.

ἤκουσάς που, ὦ παῖ Ἀρίστωνος.

266. Suda ει 241 *πατρόθεν αὐτὸν καλέσας ὁ ἥρως, 'εἰς δέον σε εὗρον,' φησί· 'βούλομαι γὰρ καλέσαι σ' ἐς πανθοινίαν.'*

267. Suda ν 195 *ὑπὲρ τοῦ τὴν νεολαίαν τὴν Ῥωμαίων ἀξιοζήλως τε καὶ ἅμα τῷ θάρσει διαγωνίζεσθαι.*

268. Suda η 376 *καὶ ὑπὲρ ὧν ἐδίψ' ἀκοῦσαι ἠναίνετο.*

269. Suda η 530 *ὁ δὲ τὸν θώρακα αὐτοῦ διέρρηξεν, ὃς ἤρκεσέν οἱ ἀμῦναι λυγρὸν ὄλεθρον.*

264 1–2 cp. Suda κ 146 **265** 5–6 cp. Suda ε 3735 7 Eur. fr. 1087 **8** cp. Pl. Resp. 427D Ael. NA 6.1

264 2 *εἴκειν* e Suda κ 146 **265** 2 *εἴπερ* M **266** 2 *σ' ἐς* AF *σε* cett. **267** 1 *τὴν* alt.] *τῶν* A 2 *ἅμα τῷ*] *ἀμάχῳ* Bekk **268** 1 *ἐδίψα* FV Zon. 997 **269** 1 *αὐτοῖ* V

270a. Suda ι 16 ὅ τε μυστικὸς Ἴακχος ἠκούσθη κατὰ τὴν ναυμαχίαν Περσῶν καὶ Ἑλλήνων.

270b. Suda ι 16 καὶ μέντοι καὶ ὁ Ἴακχος ἠκούσθη ἐκ τοῦ Ἀρείου πεδίου ὑμνούμενός τε καὶ ᾀδόμενος.

271. Suda θ 378 θίασόν τε μίμων καὶ κορδακιστῶν περὶ αὐτὸν μάλα πλῆθος εἶχε.

272. Suda κ 105 ὁ δὲ μίαν τῶν σχιζῶν ἀνελόμενος καθικνεῖται τἀδελφοῦ· καὶ ὁ μὲν νεκρὸς ἔκειτο.

273. Suda κ 172 ὁ δὲ λαθὼν ἑαυτὸν παρῆλθε σὺν τῷ ξίφει, ὅπερ ἐπήγετο διὰ τοὺς κακούργους τοὺς κατὰ τὴν ὁδόν.

274. Suda λ 840 ὁ δὲ αὐτοὺς συλλαβὼν αἰκίζεται λύμῃ πάσῃ καὶ κατατάσει καὶ στρεβλώσει ποικίλῃ καὶ δικαιώσει τῇ πρεπωδεστάτῃ ἐν περιόπτῳ λόφῳ σταυρώσας αὐτόν.

275. Suda δ 289 ὁ δὲ δεύσας τοῦ αἵματος τοὺς δακτύλους προσέγραψεν.

276. Suda κ 986 καί πού τις αὐτῷ κατεσημήνατο δωμάτιον τὰ τιμιώτατα ἔχον.

277. Suda κ 1005 καὶ τοὺς μὲν ἐπῄνει σφόδρα, τοὺς δὲ κατέτεινε ταῖς κολάσεσιν.

274 1–2 cp. Suda κ 810

270 2 ναυμαγίαν V 4 Ἀρείου] Θριασίου Kust He cp. Aristodem. FGrH 104 F 1 **274** 1 αὐτοὺς] τούτους He e Suda κ 810 2 κατατάσσει V 3 αὐτόν] αὐτούς Port **276** 2 ἔχων V

278. SUDA κ 1024 *εἶτα τῶν φρενῶν ἐξέπλευσε καὶ μανεὶς ἑαυτὸν μαχαίρᾳ κατεχόρδησε.*

279a. SUDA κ 994 *λογισμὸς δὲ αὐτὸν ἐκεῖνος κατέσπερχεν, ἀνθρώπους ἀκολάστους φύσιν τοὺς Τυρρηνούς, πολεμίων ἔφοδον μηδαμῇ μηδαμῶς ὑφορωμένους, ὑβρίζειν καὶ ῥᾳστωνεύειν.*

279b. SUDA υ 11 *ὑπέλαβε πονηροὺς ὄντας ὑβρίζειν καὶ ῥᾳστωνεύεσθαι.* 5

280. SUDA κ 1133 *ἐγγὺς δὲ τοὺς ἐπιβουλεύοντας εἶναι Καύκωνάς τε καὶ Λέλεγας Ὁμηρικούς· Πελασγοὺς δὲ οὐδαμοῦ οὐδὲ Δίους· εἰρήσθω γὰρ ἐν καιρῷ ἐμοὶ τόδε.*

281. SUDA κ 1738 *κλέπτων ἄρα καὶ ἀφανίζων τὴν ὑπόνοιαν.*

282. SUDA κ 2358 *τῆς ψυχῆς τὰ ἐλαττώματα κατηπίσταντο, εἴτε κραιπαλώδης τις εἴη καὶ μέθυσος εἴτε φιλήδονος καὶ ἐν τοῖς αἰδοίοις ἔχων τὸν ἐγκέφαλον.*

283. SUDA λ 25 *ὃς Ἀρσινόην ἔγημε τὴν Πτολεμαίου τοῦ Σωτῆρος μητέρα. τοῦτον δὲ τὸν Πτολεμαῖον οὐδέν οἱ προσήκοντα ἐξέθηκεν ἄρα ὁ Λάγος ἐπ' ἀσπίδος χαλκῆς. διαρρεῖ δὲ λόγος ἐκ Μακεδονίας, ὃς λέγει ἀετὸν ἐπι-*

283 4–6 cp. Suda α 965   4–7 cp. Suda α 963

279 2 *φύσιν*] *φασὶν* A *ὄντας* add. Bern   **280** 2–3 *οὐδαμῶς* F Herm *οὐδαμῇ* Bern   3 *οὐδὲ*] *μὰ Δία* Bern *εἰρῆσθαι* A *τῷ καιρῷ* F   **281** 1 *ἄρα* om. F   **283** 4 *δὲ*] *ὁ* add. GM

5 *φοιτῶντα καὶ τὰς πτέρυγας ὑποτείνοντα καὶ ἑαυτὸν αἰωροῦντα ἀποστέγειν αὐτοῦ καὶ τὴν ἄκρατον ἀκτῖνα, καὶ ὅτε ὕοι, τὸν πολὺν ὑετόν· τούς γε μὴν ἀγελαίους φοβεῖν ὄρνιθας, διασπᾶν δὲ ὄρτυγας καὶ τὸ αἷμα αὐτῷ παρέχειν τροφὴν ὡς γάλα.*

284. Suda λ 113 *Ἀριστογένης οὖν, Διονύσου μύστης, λαμπαδεύεσθαι μέλλων, εἶτα μέντοι τὰ δεξιὰ παρείθη μέρη.*

285a. Suda λ 138 *οἱ δὲ Μεσσήνιοι σὺν λάσθῃ καὶ γέλωτι, ὥσπερ ἄθυρμα τῶν Σπαρτιατῶν, τὰ πρῶτα τοῦ Διὸς ἀναθήματα διέσπειραν.*

285b. Suda δ 107 *οὐκοῦν διαλαθὼν ἐπὶ τῷ βωμῷ κα-*
5 *τέπηξε τὰ δαίδαλα τῶν τριπόδων, ἃ ἐπήγετο.*

286. Suda λ 465 *λήξει οὐ μὰ Δία εὐκλήρῳ χρόνου τὰ Αἰγυπτίων κακὰ τῶν ἐν τῇ πόλει τῇ Ἀλεξάνδρου ἐγκατέσκηψε καὶ τῇ Ῥώμῃ.*

287. Suda μ 111 *ὁ γύνανδρός τε καὶ μάλθων τύραννος.*

288. Suda μ 349 *καὶ πάρδαλιν τοῦ αὐτοῦ μέγα τιμίαν διάλιθον.*

284 2–3 cp. Suda π 587

8 *δὲ* om. V **284 3** *μέρη*] *μέλη* He **285 2** *πρῶτα τοῦ*] *Ἰθωμάτου* Bern **3** *διέσπειρεν* GVM *διέσυραν* Bern **4–5** *κατέπηξε*] *κατεπάτησε* F **286 2** *τῇ* alt.] *τῆς* V **287 1** *ὁ* om. V **288 1** *πάρδαλιν*] *κίδαριν* M. Schmidt

289. Suda μ 349 *καὶ γυνὴ εὐπάτωρ ἄνθρωπος καὶ μέγα πλουσία.*

290. Suda μ 427 *οὐδὲ τὸν πόλεμον μεθιείς, τῷ μιαιφόνος τις καὶ παλαμναῖος εἶναι.*

291. Suda μ 532 *καὶ ἐπίστευον εἶναι θεοφιλεῖς, τῷ δαίμονι τούτῳ μελόμενοι.*

292. Suda μ 678 *ὁ δὲ ἔκλεισε τὴν ῥάβδον πυθμένι καὶ πώματι, καὶ μετὰ χεῖρας εἶχεν ἀεὶ οὔτε μεθ' ἡμέραν κατατιθέμενος καὶ νύκτωρ ὑπὸ τὴν κεφαλὴν ὑποτιθέμενος.*

293. Suda μ 978 *οὐ μὴν οὐδὲ ἡ μήρινθος ἔσπασέ τι ἀγαθὸν αὐτοῖς· οὐ γάρ τοι μετὰ μακρὸν νέφη ἀκρίδων ἐπιρρεύσαντα τοὺς καρποὺς κατέφαγεν αὐτοῖς.*

294. Suda μ 1179 *δύο κακοῖς μογῶν, ἀγρυπνίᾳ τε ἀναλισκόμενος καὶ δέει τειρόμενος.*

295. Suda μ 1292 *ὅσα ἐπράττετο, καὶ μοῦσά τις ἂν ὀκνήσειεν εἰπεῖν τραγική. οὐ γὰρ βούλεται ταῦτα γίνεσθαι καὶ τὸ λέγειν ἀπηγόρευσε.*

296. Suda ν 246 *ὁ δὲ ἔλεγε δεδιέναι ἂν ἀδόκητόν τι καὶ νεώτερον κακὸν ἀπαντήσῃ.*

293 1–2 cp. fr. 67

289 1 *ἄνθρωπος*] *ἄνωθεν* M. Schmidt **293 1** *οὐδὲ*] *δὲ* F **294 1** *μογῶ* GVM **295 2** *εἰπεῖν* om. F **296 1** *τι*] *τε* He

297. SUDA ο 283 *οὐ μὴν συνήθροισεν ἔτι τὰ ὀστᾶ, ὁμόσε τῷ δαίμονι τῷ ταῦτα πράξαντι μὴ χωρῶν.*

298a. SUDA φ 568 *ὁ δὲ πατὴρ πυνθάνεται ὅσα ἡ παῖς ἔδρασε, καὶ διώκει φονῶν καὶ ἀποκτεῖναι γλιχόμενος.*

298b. SUDA ο 291 *ὁμοῦ τι τῇ πληγῇ ἡ παῖς ἦν, καὶ ἀπέσφακτο ἄν, εἰ μὴ σκηπτὸς κατηνέχθη ἀμφοῖν μέσος.*

299. SUDA ο 292 *μὴ ἰσχύουσα τεκεῖν ὁμοῦ τι τῷ ῥαγῆναι ἦν.*

300. SUDA ο 774 *καὶ μαρτύρια ἐπάγονται οὐδαμῇ ἄσημα.*

301. SUDA ο 898 *οὐκοῦν οἱ ἀδελφοὶ λαβόντες ἱκετηρίαν ἐπυνθάνοντο ἄρα τοῦ θεοῦ ὅ τι καὶ χρὴ πράττειν αὐτούς.*

302. SUDA ο 920 *οὐ μὴν εἶχε ποιεῖν οὐδέν, ἀλλ' ἔμενε κατὰ χώραν τηρούμενος ἐπιμελῶς.*

303. SUDA ω 23 *ὁ δὲ ⟨ἔκρυπτε καὶ⟩ ἐξειπεῖν τὴν ὠδῖνα, ἣν ἐκύει, οὐκ ἐτόλμα, τὴν ἐλπίδα τοῦ ἴσως ἄν ποτε τυχεῖν ἐν τῷ κρύπτειν ὑποθάλπων ἄρα ἐκεῖνος.*

304. SUDA ω 250 *ἥ τε παῖδα ὄντα ἱερῷ λόγῳ ἠγάπα τε, ὡς τὸ εἰκός.*

303 1–2 cp. Suda ε 696

298 1 *ἡ*] *ὁ* V 4 *σκοπτὸς* F *σκαπτὸς* S **299** 2 *ἦν*] *αὖ* G **300** 1 *καὶ* om. A **301** 2 *καὶ* om. A **303** 1 *ἔκρυπτε καὶ* e Suda ε 696 **304** 1 *τε*] *γε* Bern

305. Suda π 20 *ὁ δὲ ἐπῆγε τήν τε ἀποστέρησιν τῶν χρημάτων καὶ τὴν καταδίκην, καὶ μέντοι καὶ τὰς προτέρας αὐτοῦ τὰς ἀδίκους πάθας.*

306. Suda π 22 *ἀκόλουθόν σφισι πάθην ἐπηρτημένην ὁρῶντα, ἣν λαθεῖν ἀδύνατον.*

307. Suda π 150 *ἡ δὲ ἔθει καὶ πᾶσαι μετ' αὐτῆς ἀρρηφόροι καὶ παναγεῖς γυναῖκες, καὶ πολὺν χρόνον ἔκπληξις αὐτοὺς κατεῖχε καὶ σκότος.*

308. Suda π 176 *Ἑταίρα ὄνομα, οὐκ ἐκ τοῦ πανδήμου καὶ ἀσελγοῦς ἐπιτηδεύματος.*

309. Suda π 275 *αἰσχύνασαι τὴν λατρείαν τὴν περὶ τὴν θεόν, καὶ ἑαυτὰς ὁμιλίᾳ ἀνδρῶν παραβαλοῦσαι ἐκολάσθησαν κατὰ τὸν νόμον.*

310. Suda π 464 *οἱ δὲ τύραννοι παρὰ τὴν αὐτῶν φύσιν ᾐδέσθησαν τὴν ἱέρειαν κακῷ τῷ περιβαλεῖν.*

311. Suda π 721 *Καμβύσης ὁ Κύρου παρῴνησεν εἰς τοὺς Αἰγυπτίους θεούς, καὶ ἐξεμάνη, καὶ τὸν ἑαυτοῦ μηρὸν ἔτρωσε καὶ σφακελίσαντος ἐνόσησε καὶ πικρότατα τὸν βίον κατέστρεψεν, ὥς φησιν Ἡρόδοτος.*

307 2 cp. Suda α 3863 **311** 1–4 cp. Hdt. 3.30

306 1 *ἀκόλουθά* Bekk *σφισι*] *σφίγγειν* vel *σφύζειν* M. Schmidt *ἐπηρμένην* S 2 *ὁρῶνται* ASM ante corr. **308** 1 *Ἑταίρα*] *Ἑταίρας* M e corr. *καὶ Ἑταίρας* G *ὄνομα*] *κύριον* add. V **309** 1 *περὶ*] *παρὰ* S **310** 1 *παρὰ*] *περὶ* MF e corr. **311** 3 *σφακελίσαντα* ABM ante corr.

312. SUDA π837 *ὁ δὲ ᾖδε τοὺς παιᾶνας, οὐκ εὐτραπέλῳ τῇ γλώττῃ, οὐδὲ ἐρρωμένῃ, ὥσπερ οὖν κάτοινος ἤδη καὶ οὐκ ἀρτίστομος ἔτι.*

313. SUDA π935 *καὶ ἑαυτὸν πελάτην ἐκείνου λέγει τε καὶ ᾄδει.*

314a. SUDA π2120 *Ποστοῦμος, Ῥωμαῖος, ἀπὸ Ναπύης, τά τε Ἑλλήνων ἐπαιδεύθη, ἐρασθεὶς αὐτῶν μετὰ ἔτη λ΄. τὰ δὲ πρῶτα χρυσοχόος ἦν. ἐπεὶ δὲ ἅπαξ αὐτὸν εἰσῆλθεν ὅδε ὁ φιλόλογος ἔρως, ἐς τὰς Ἀθήνας ὥρμησε καὶ*
5 *ἐξεμουσώθη τὰ Ἑλλήνων ἐκεῖθι. καὶ ἐς γῆρας βαθὺ ἤλασε, πολλὰ καὶ καλὰ εἰδώς. οὔκουν ἀπεικὸς ἦν καὶ τόνδε τὸν Ποστοῦμον λέγειν λόγον ἐκεῖνον, ὅνπερ οὖν Ἡράκλειτος εἶπεν ἐφ' ἑαυτοῦ· 'ἐμεωϋτὸν ἐδιζησάμην.'*

314b. SUDA υ11 *ὁ δὲ οὐ μάτην ἔζη ὥς γε ἐμὲ κρίνειν,*
10 *οὐδὲ μὴν ὡς οἱ πολλοὶ ἐς τραπέζας κεκυφέναι καὶ ἐμπίπλασθαι καὶ ὑβρίζειν σπεύδων, ἀλλὰ πλέον τι εἰδέναι μαστεύων ὑφ' ἡγεμόνι θεῷ.*

315a. SUDA χ474 *ὁ δὲ χρημάτων οὐκ ἦν εὔπορος, οὐδὲ ὅσα ἂν ἐξήρκεσεν ἑτέρῳ πρὸς τὴν τοῦ ἀναγκαίου βίου διαγωγήν, οὐδὲ τοσαῦτα κεκτημένος.*

312 **2–3** cp. Suda α4047 **314** **8** cp. Plut. Mor. 1118c. Jul. Or. 9.5 (6.185a) **9–12** fort. Dam. fr. 370 **11–12** cp. Suda μ257

312 2 *κάτοινος*] *κατά τινος* V **314** 1 *Ναυπύης* M *Ναυπίης* GV *Καπύης* Bas He *Νεπέτης* vel *Καιήτης* Bern **4** *ὁ φιλόλογος ὅδε* G **9** *ὥς*] *ὅς* V **315** 2 *ἐξηρκέσας* S *ἕτερα* GF

315b. Suda ν 215 *οἶδά τοι ἔγωγε καὶ ἐς ὀκτὼ ὅλας ἡμέρας ἀναλωθέντα αὐτῷ κατοικιδίας ὄρνιθος οὐ μέγαν νεοττόν.* 5

315c. Suda π 966 *διὰ τὰς ἀδίκους πάθας τῇ πενίᾳ ἐνήθλει.*

315d. Suda π 1991 *ὁ δὲ ἐδεῖτο τοῦ θεοῦ πολυωρίας τυχεῖν τῆς ἐξ αὐτοῦ.* 10

315e. Suda π 1077 *καὶ πλοῦτον περιβάλλει ἀνδρὶ πένητι μέν, εὐσεβεῖ δὲ καὶ ἀεὶ θεραπεύοντί οἱ τὸν νεών*

315f. Suda ε 1692 *καὶ γεραίροντι πᾶν ὁτιοῦν ἄγαλμα ἐξεικασμένον αὐτῷ καὶ τετιμημένον.*

316. Suda π 2563 *ταῖς θυγατράσι φάρμακον ὤρεξε καὶ αὐτὸς ἔπιε, δυστυχοῦς κοινωνήσας προπόσεως καὶ φιλοτησίας.*

317. Suda ρ 9 *ῥαγέντος δὲ τοῦ κάλου ἔμεινε τὸ λείψανον ἐκεῖσε τὸ τῆς Δίρκης.*

318. Suda ρ 53 *ὁ δὲ τὴν κατασκευὴν τοῦ νεὼ πρεσβυτέραν τῆς ἑαυτοῦ ῥᾳστωνεύσεως ποιησάμενος στέφανον ἐψηφίσατο ἡ βουλὴ δάφνης αὐτῷ.*

319. Suda σ 52 *ὥσπερ οὖν οὐχ ὑπὲρ τῶν ἐσχάτων σαλεύουσα, ἀλλ' ἐφειμένη δρᾶν ὅ τι καὶ θέλει.*

315 4–6 fort. Dam. fr. 247 **7–8** cp. Suda π 20 et ε 1305 **12** cp. Suda ε 1692 **318 1–2** cp. Suda π 2257

4 *τοι*] *τι* AFV **7** *ἀδίκους*] *ἀθλίας* He **11** *πλούτῳ* V **318 1** *παρασκευὴν* G

320. SUDA σ53 *πολλὰ δὴ καθ' ἑαυτὸν σαλεύσας ἀνέρριψεν ἐκ τῶν παρόντων εὐτυχῆ κύβον.*

321. SUDA σ53 *τοὺς δὲ ἄλλους ἐπ' ὀψίας τῆς ἀκμῆς σαλεύσας, καὶ μέντοι τῷ ἀπολέσθαι ὁμοῦ εἶναι.*

322. SUDA σ53 *ἡνίκα ἑώρα σαλεύουσαν αὐτῇ τὴν τύχην πᾶσαν.*

323. SUDA σ759 *τοιοῦτον ἀναζωγραφῶ, ὡς εἰκός, καὶ οὐκ ἀπὸ τρόπου τὸν παραβλῶπα καὶ φιλοκερδῆ καὶ κερδαλέον, βραδίστατον πρὸς τὰ κρείττονα· λιχνωδέστατον δὲ πρὸς πανωλεθρίαν τῶν ἐντυγχανόντων ἐκβεβακχευμένον*
5 *ὅτι μάλιστα. ἀλλ' ἐξώλης καὶ προώλης προπηλακισθεὶς ἐς κόρακας ᾤχετο, κατάλληλα τἀπίχειρα τῆς βδελυρίας ὁ ἀποτρόπαιος καὶ οἷον ἀποφρὰς ἀποισάμενος, ὃς ἀνάρσια δικάζων ἀδίκως πολλοὺς κατεδίκαζεν, ὄπιν οὐ δεδοικώς, οὐκ ἀλέγων Ἀδράστειαν, οὐδὲ Νέμεσιν ἐμπαζόμενος. ἀλλὰ*
10 *ταῦτα τεκμήρια ἐναργῆ τῆς Ταρταρώδους καὶ Ταντaλείου αὐτοῦ τιμωρίας· ὃς κακὰ πόλλ' ἔρδεσκεν, ὃς κακὰ πόλλ' ἀποτίσεται.*

324. SUDA σ1371 *βουλῇ κρείττονι καὶ ἀνθρωπίνῃ*

322 1–2 cp. NA 11.31 **323 1–12** Aeliani esse negavit Nauck contra Valck **10–11** cp. Suda τ78 **324 1–3** cp. Suda β430

320 1 *δὴ*] *δὲ* G **321 1** *ἐπ' ὀψίας* Port *ἐποψίας* AGM e corr. *ἐποψία* VM ante corr. **2** *σαλευσάντας* Toup *σαλεῦσαι* Bern *μέντοι*] *καὶ* add. He **323 2** *ἀπὸ*] *ἄπω* Ae corr. *περιβλῶπα* F **3** *βραδύστατον* GV *βαρδίστατον* FM ante corr. **7** *ἀποισόμενος* GMe corr. **10** *Ταραχώδους* V *Ταντaλίου* AV

γνώμῃ οὐδαμῶς συμβλητῇ τρόπον τινὰ τοῦ Ἀλφειοῦ ἀποθανόντος.

325. SUDA τ176 *ταῦτά τοι καὶ τεθνεῶτα ἔθαψεν αὐτὸν ὁ βασιλεὺς ταφῇ θαυμαστῇ.*

326. SUDA τ235 *τεθνώντων δὲ πολλῶν καὶ σαλευόντων ὑπὲρ τοῦ ζῆν ἐπὶ λεπταῖς ταῖς ἐλπίσι.*

327. SUDA τ768 *Πυθικὸν ἦν προμάντευμα ἐν τόνοις ἑξαμέτροις, οὕτω προλέγον τὴν τελευτήν·*

Αἰακίδη προφύλαξο μολεῖν Ἀχερούσιον ὕδωρ
Πανδοσίην θ', ὅθι τοι θάνατος πεπρωμένον ἐστί.

καὶ συνάψας μάχην Βρεττίοις καὶ Λευκανοῖς ἐπί τινι ποταμῷ, τῆς γεφύρας ῥαγείσης, τῶν προσχώρων ἀκούσας τὸν ποταμὸν ἀποκαλούντων Ἀχεροντίδα, τὴν δὲ πλησίον πόλιν Πανδοσίαν, πρὸς ὃ εἶχε λόγιον συμβαλὼν τοὺς τόπους, καὶ γνοὺς ὅτι ἄρα τὸ χρεὼν ἐκπέπλησται, τότε δὴ τὸν εὐκλεᾶ πορεύεται θάνατον καὶ πρὸς μέσους τοὺς πολεμίους ὠθούμενος ἀφειδῶς, πολλὰ πρότερον δράσας, οὕτω πίπτει μαχόμενος. ἦν δὲ Ἀλέξανδρος ὁ Φιλίππου κηδεστής, Ὀλυμπίου ἀδελφός.

326 1–2 cp. Suda σ52 **327** 1–2 cp. Suda ε1533 **1–12** cp. Strabo 6.1.5 Liv. 8.24 Justin. 12.2

326 1 *τεθνεώτων* G *τεθνώτων* M *καὶ σαλευόντων*] *σαλευομένων* V **327** 2 *προλέγων* V *προέλεγον* AG **3** *προφύλαξον* V *προφύλαξι* GM ante corr. *πεφύλακος* Me corr. *πεφύλαξο* Nauck **4** *πεπρωμένος* Chalc He **5** *καὶ* alt. om. AV **6** *ἑκούσας* A ante corr. **7** *καλούντων* G **12** *Φίλιππος* V **12–13** *Ὀλυμπιάδος* Chalc He Justin.

328. SUDA υ 137 *γυναίου ἀκολάστου καὶ τυραννικοῦ διαβολαῖς ὑπαγόμενος.*

329. SUDA υ 289 *πάντων τῶν τοίχων κεκονιαμένων ἐς ὕψος ὑπερήφανον.*

330. SUDA υ 380 *ὁ δὲ τὸ φρόνημα μέγα ὡς καὶ Ἀλέξανδρον ὑπεροίσων, ἐκέκτητο.*

331. SUDA υ 409 *τὸ δὲ μειράκιον οὐδὲν ὑπειδόμενον. τίς δ' ἂν ὑπώπτευε κρέας ὑπὸ ξένων καὶ πτωχῶν ἐπὶ κοινοῦ δεδομένον;*

332. SUDA υ 500 *ὑποθήγων ἐς τὰ καλὰ ἔργα αὐτούς.*

333. SUDA υ 568 *ὁ δὲ ἐπιπλάστῳ μωρίᾳ διέδρα τοῦ τυράννου τὸν φονικόν τε καὶ ὑπόπτην ἐκεῖνον τρόπον.*

334. SUDA λ 673 *σιγᾶν δὲ χρή, μὴ λοξοῖς ἡμᾶς ὄμμασιν ἰδὼν ὁ φθόνος τραχεῖ βάλῃ λίθῳ, κατὰ Πίνδαρον.*

335. SUDA φ 510 *φθόνος, νόσημα ψυχῆς ἀνθρωπικὸν καὶ ἐσθίον ψυχήν, ἣν ἂν καταλάβῃ, ὥσπερ ἰὸς τὸν σίδηρον. καὶ ὁ ἔρως ταὐτόν ἐστιν. οἷς ἐκεῖνος ἔχθιστον καλῶς τὸ θεῖον, περιτρέπων τὸ συμφυὲς ἀρρώστημα εἰς*
5 *αὐτοὺς τοὺς ἐκφύσαντας αὐτά.*

334 1–2 cp. Pind. Ol. 8.73

329 1 *κεκονημένων* F **330** 1 *μέγα* om. FV **333** 1 *τοῦ* om. V **334** 1–2 *ἰδὼν ὄμμασιν* GVM 2 *βάλῃ* Chalc *βάλει* mss. **335** 1 *τύχης* Bern *ἀνθρωπικὴν* V *ἀνθρωπικῆς* F 4 *καλεῖ* G *περιτρέπον* AVM 5 *αὐτό* He

336a. SUDA *υ* 645 *προήρωσε τὸν τόπον ὑποψαμμότερόν πως ὄντα, ἵνα ἐν τῇ συνόδῳ σφῶν κονιορτὸς πάμπολυς ἀρθῇ.*

336b. SUDA *οι* 147 *ἀνέμου ἐπιπνεύσαντος οἵου σφοδροτάτου καὶ ἐξάραντος τὴν ἄμμον.* 5

337. SUDA *φ* 574 *οἱ δὲ λεόντειον ἐβρυχῶντο φονῶντες.*

338. SUDA *χ* 83 *ὁ δὲ φλυαρεῖ καὶ μάτην ἡμῶν λῆρον καταχεῖ τοῦ χάους ἀρχαιότερον καὶ Κρονίων ἀπόζοντα.*

339. SUDA *χ* 208 *ὁ δὲ ὑπὸ τῷ κνέφᾳ σὺν τοῖς χερνήταις τοῖς ἐπὶ τοὺς ἀγροὺς ἰοῦσιν ὑπεξῆλθε.*

340. SUDA *χ* 208 *ὁ δὲ τὰς θυγατέρας ἐπειρᾶτο ποιεῖν ταλασιουργοὺς καὶ χερνήτιδας.*

341. SUDA *χ* 490 *Λιβύων δὲ πρέσβεις χρῆμα οἰκτροὶ κατὰ κλέος τὸ τῆς παρθένου ἧκον καὶ ἐδέοντο λύσιν τινὰ τοῦ λοιμοῦ λαβεῖν.*

342. SUDA *σ* 511 *οὗτοι πλουσιώτατοι ἐγένοντο οὐ μόνον τῶν νησιωτῶν ἀλλὰ καὶ τῶν ἠπειρωτῶν εὖ μάλα συχνῶν. ἕως μὲν οὖν τὴν δεκάτην ἐς Δελφοὺς ἀπέστελλον εὐτάκτως καὶ ἐπείθοντο τῷ χρησμῷ τῷ τοῦτο προστάξαντι,*

340 1–2 cp. Suda *τ* 44

336 1 *τὸν*] *γὰρ τὸν* V **337** 1 *λεοντηδὸν* Valck **338** 1 *ἡμῖν* S **339** 1 *τῷ*] *τῶν* S *κνέφει* F **341** 1 *οἰκτρόν* Chalc He recte censuit Adler **342** 2 *τῶν* alt. del. Bern 3 *οὖν*] *ταύτην* add. G

5 τὰ τοῦ πλούτου αὐτοῖς ἐπίδοσιν εἶχε, φανέντων ἀργυρείων μετάλλων· ἐπεὶ δὲ τὴν φορὰν τὴν τῆς ἀπαρχῆς ἐξέλιπον, θάλαττα ἐπιρρεύσασα καὶ ἐπικλύσασα ἠφάνισεν αὐτοῖς τὴν τοῦ πλούτου χορηγίαν, περιῆλθόν τε εἰς πενίαν νησιωτικὴν καὶ ἀπορίαν δεινήν.

343. SUDA *α* 4104 Ἀρχίας Συρακούσιος καὶ Μύσκελλος Ἀχαιὸς ἧκον ἐς Δελφοὺς ἐν τῷ αὐτῷ τοῦ χρόνου καὶ ᾔτουν ἄρα ὑπὲρ ὧν ἔμελλον οἰκίζειν πόλεων φήμην ἀγαθὴν λαβεῖν, τὸν ἐπινησθέντα αὐτοῖς τε καὶ ταῖς πόλεσιν αὐτῶν
5 βίον. λέγει δὲ ἡ Πυθία·

χώρας καὶ πόλεως οἰκήτορα λαὸν ἔχοντες
ἤλθετ' ἐρησόμενοι Φοῖβον, τίνα γαῖαν ἵκησθε·
ἀλλ' ἄγε δὴ φράζεσθ' ἀγαθῶν πότερόν κεν ἕλοισθε,
πλοῦτον ἔχειν κτεάνων ἢ τερπνοτάτην ὑγίειαν.

10 ἐπεὶ τοίνυν ταῦτα ἠκουσάτην, Ἀρχίας ὢν φιλοχρήματος πλούτου περιβολὴν αἱρεῖται· οὐδὲ ἐψεύσθη τῆς ἐλπίδος. παμπλούσιος γοῦν Συράκουσα ἡ πόλις κατὰ τὴν φήμην τὴν Πυθιάδα ἐγένετο. Μύσκελλος δὲ αἱρεῖται αὐτός τε ὑγιαίνειν καὶ ἡ πόλις. καὶ ἀπώνητο ὧν ᾔτησε. δεῖγμα γοῦν
15 τῆς ἐν Κρότωνι ὑγιείας ῥωμαλέοι τέ εἰσιν οἱ οἰκήτορες καὶ ἀθλητῶν ἡ πόλις πολλῶν καὶ ἀγαθῶν μήτηρ ἐγένετο. πλοῦτος ἄρα καὶ ὑγίεια δῶρα ἄμφω ἐστόν· αἵρεσις δὲ ἐρρωμένη καὶ διάνοια ὑγιαίνουσα αἱρεῖται τὰ βελτίω, καὶ ἀπέφηναν καὶ οὗτοι, ὁ μὲν συνετώτερος ὤν, ὁ δὲ οὐ πάντη
20 ἐλευθέριος. τῶν γὰρ οὖν ἀγαθῶν τῶν ἀνθρωπικῶν τὸ μὲν

343 1–13 cp. Suda *μ* 1473 **19–20** cp. Suda *σ* 644 **20** Pl. Gorg. 451E

5 *τοῦ* om. V *ἀργυρίων* V **6** *τὴν* alt. om. V **8** *νησιῶται* V **343 1** *Συρακόσιος* He **12** *Συρακουσίων* V **15** *Κρότων* A **19** *καὶ*] *ὡς* Bas **20** *γὰρ*] *γ'* A

πρεσβύτερον, τὸ δὲ δεύτερον, ὡς καὶ Πλάτων φησὶ καὶ τὸ σκολιὸν ᾄδει.

344. SUDA σ1678 *ὄναρ ἐφίσταται θεία τις ὄψις, καὶ λέγει δεῖν συσκευάζεσθαι· καλεῖν γὰρ τὸ χρεὼν αὐτόν.*

345. SUDA ω25 *ὁ δὲ ἦν πλούτῳ καὶ γένει διαφανής. οὐκοῦν οἱ πολῖται ὤδινον κατ' αὐτοῦ φθόνον γενναῖον.*

346. SUDA τ1046 *ὁ δὲ ὑπὸ ἀρρωστίας λεπτόν τι καὶ τρομερὸν ἐφθέγξατο.*

347. SUDA δ1136 *ὁ δὲ τοῦ τολμήματος ἡγεμὼν διόβλητος γενόμενος εἶτα κατεπρήσθη.*

348. SUDA ε590 *ἄγαλμα ἦν τιμώμενον ὑπ' αὐτοῦ ἐκ πολλοῦ.*

349. SUDA ε1082 *ὁ δὲ Κελτὸς προθυμίαν εἶχεν, ἐμφὺς τῷ πολεμίῳ καὶ χερσὶ καὶ στόματι δίκην θηρίου διασπάσαι αὐτόν.*

350. SUDA α1661 *ἀμοιβὴν τοῦ θεοειδεστάτου τρόπου θαυμαστὴν ἐφέρετο. ἔρρει γάρ οἱ κατὰ πρύμναν τὰ ἐκ τῆς τύχης καὶ πᾶσιν οἷς ἐπέθετο, τούτων ἥμαρτεν οὐδενός.*

351. SUDA κ1255 *δύο νεανίσκων κεκονιμένων, τὴν ἀγγελίαν ἀπαγγειλάντων.*

350 2–3 cp. Suda ε2947

344 2 *λέγειν* ArFV *δεῖν*] *δὴ* FV **349** 2 *θηρίου*] *θηρίους καὶ* A **351** 1 *τὴν*] *καὶ τὴν* Kust *καὶ* He 2 *ἀπαγγελόντων* F

BIBLIOTHECA TEVBNERIANA

PLVTARCHVS, Vitae parallelae

Vol. I. Fasc. 1.

Theseus et Romulus · Solon et Publicola · Themistocles et Camillus · Aristides et Cato maior · Cimon et Lucullus

Vol. I. Fasc. 2

Pericles et Fabius Maximus · Nicias et Crassus · Alcibiades et Coriolanus · Demosthenes et Cicero

Vol. II. Fasc. 1

Phocion et Cato maior · Dion et Brutus · Aemilius Paulus et Timoleon · Sertorius et Eumenes

Vol. II. Fasc. 2

Philopoemen et Titus Flaminius · Pelopidas et Marcellus · Alexander et Caesar

Vol. III. Fasc. 1

Demetrius et Antonius · Pyrrhus et Marius · Aratus et Artaxerxes · Agis et Cleomenes et Ti. et C. Gracchi

Vol. III. Fasc. 2

Lycurgus et Numa · Lysander et Sulla · Agesilaus et Pompeius · Galba et Otho

Vol. IV

Indices

In Einzelausgaben:
Alexander et Caesar
Demosthenes et Cicero

B.G. TEUBNER STUTTGART UND LEIPZIG